爱立方
Love cubic

育儿智慧分享者

微信扫描以上二维码，或者搜索"爱立方家教育儿"
公众号即可加入"爱立方家教俱乐部"，阅读精彩内容：

父母的天职

重塑自我，陪孩子一起成长

胡萍 著

北京理工大学出版社
BEIJING INSTITUTE OF TECHNOLOGY PRESS

版权专有 侵权必究

图书在版编目（CIP）数据

父母的天职. 重塑自我，陪孩子一起成长 / 胡萍著. —北京：北京理工大学出版社，2018.5

ISBN 978-7-5682-5099-3

Ⅰ.①父… Ⅱ.①胡… Ⅲ.①家庭教育—儿童教育 Ⅳ.①G781

中国版本图书馆CIP数据核字（2018）第004037号

出版发行	/ 北京理工大学出版社有限责任公司
社　　址	/ 北京市海淀区中关村南大街5号
邮　　编	/ 100081
电　　话	/ （010）68914775（总编室）
	（010）82562903（教材售后服务热线）
	（010）68948351（其他图书服务热线）
网　　址	/ http://www.bitpress.com.cn
经　　销	/ 全国各地新华书店
印　　刷	/ 三河市京兰印务有限公司
开　　本	/ 710毫米×1000毫米　1/16
印　　张	/ 13.25
字　　数	/ 185千字
版　　次	/ 2018年5月第1版　2018年5月第1次印刷
定　　价	/ 39.80元

责任编辑	/ 李慧智
文案编辑	/ 李慧智
责任校对	/ 周瑞红
责任印制	/ 边心超

图书出现印装质量问题，请拨打售后服务热线，本社负责调换

推荐序

向天下父母和教师推荐这本书

我与胡萍只在深圳见过一面，却一聊就是三四个小时，因为她对儿童性教育的探究吸引了我。一般人谈性教育往往仅限于观念方面，而她既有科学的理念又有具体的方法。也许，这与她受过医科大学儿科的专业训练和从医的实践有关，更得益于她长期对儿童性教育执着的调查研究。

我们自然聊到各自的孩子。说实话，任何人养育孩子都是一种历险，儿童研究者也不例外。

说起儿子，胡萍容光焕发，因为她儿子刚刚被剑桥大学生物系录取，作为陪读的母亲有充分的理由骄傲。但是，最让我好奇的不是剑桥，而是她儿子经常不完成老师的作业，总是用各种各样的实验成果代替。在去剑桥大学面试的时候，她儿子除了生物研究报告，居然带去自己做西餐的图片集，并且因此受到剑桥教授的青睐。

各位读者朋友想一想：一个不完成作业却着迷于各种实验和做西餐的孩子，如何面对高考？而又是如何折磨父母那颗万般担忧的心？所以，当胡萍流露要写一本关于自己如何教育孩子的书时，我自告奋勇愿意作序推荐。

待我看到胡萍的书稿，却因其过人的勇气与坦诚而备受震撼。

我没想到，胡萍会把养育儿子的详细过程，包括许多隐私和盘托出。每一个成长的点滴，都包含着她的努力发现和思考。读她的书既可以作为育儿的详细个案，也可以作为如何应对成长难题的具体参照。也许，她想借鉴教育家陈鹤琴的方法，以自己的孩子为个案，探索儿童的身心发展特点和成长规律。

我没想到，胡萍会对自己的教育过失有那么多细节的展示和反思。今天，多少人在粉饰自己的经历？当孩子考入名校，似乎父母过去的无知也变成真理。如果不是胡萍自己所述，我们无法想象，她会与孩子发生那么多冲突，并且是儿子的激情表白让她惊醒，从而发现自己的焦虑和扭曲。

我没想到，胡萍会对当今的教育有那么多批判，如鲁迅所描绘的那样，她用一个母亲的肩膀，为幼小的儿子扛住黑暗的闸门。她不轻信，即使对被视为经典的蒙台梭利教育和华德福教育在中国的流行，也有着深深的质疑。

在我读过的各类家庭教育著作中，如此真实和犀利，如此个性和坦率的不多见，胡萍以虔诚之心，为读者端上了自己的私房菜。

尽管不够完美，胡萍的这本书已经是难得的佳作，其最重要的价值或许可以概括为以下四个方面：

一、把孩子的健康发展放在第一位

心理学的常识告诉我们，孩子在12岁之前，能否和父母建立亲密的依恋情感，对其一生的安全感和幸福感至关重要。因此，孩子越小越需要父母的陪伴。胡萍的非常之举是一直陪伴儿子到高中毕业。为了儿子的发展，她甚至抛家舍业，只身带儿子去成都和深圳求学。离开成都某学校时，胡萍既失去了工作和收入，又失去了住房，这需要多么大的勇气。

我并不赞成夫妻分离，而主张夫妻关系第一，亲子关系第二，因为夫妻关系对孩子影响极为深远。胡萍的特殊性在于，她在良好夫妻关系的前提下，剑走偏锋，助子成才。

当然，胡萍的有些做法不可复制，也不宜学习。她值得学习的是充分尽到母亲的天职，把孩子的健康发展放在第一位。

二、不打扰孩子，培养兴趣与专注

许多父母一边经常以喝水或吃水果等事由打扰正在做事的孩子，一边抱怨孩子做事情不专心，这不是自相矛盾吗？而当胡萍发现1岁多的儿子迷上玩手电筒，甚至能玩一个多小时时，她从不去干扰孩子。她知道专心致志做事才能培养孩子的专注力。

与许多父母信奉"只要把学习搞好了，别的什么都不要管"不同，胡萍格外珍惜孩子的兴趣发展。当孩子逐渐长大，迷上做西餐，尽管课业紧张，胡萍还是给孩子提供所需的厨具和食材。直到高考前，孩子依然兴致勃勃探究各种各样的西餐技艺，并且用心琢磨和实践。胡萍明白：孩子需要学习，更需要生活。

三、划清界限，培育孩子的健康人格

我赞同韩国教授文龙鳞的一个重要观点，即10岁之前要教会孩子做人，特别是能明辨是非。可是，在目前的教育环境里，引导孩子明辨是非并非易事。比如，孔融让梨值得提倡吗？当孩子的玩具被小朋友抢走该忍气吞声吗？对于诸如此类的现实矛盾，胡萍都没有回避，而是深入思考，形成自己的价值观，并且引导孩子分清是非。

她努力把孩子培养成为一个尊重自己也尊重他人的现代人，拥有爱心和责任感。比如，当儿子在剑桥大学幸运地遇见坐在轮椅上的科学大师霍金，有人问他为什么不抓住这个难得的机遇与霍金合影留念，他摇摇头说，随便打扰大师是不礼貌的。

四、不怕碰撞，与孩子一起成长

如果某些读者以为，胡萍既然如此投入教育孩子，一定是脾气温和一切顺着孩子，其实不然。胡萍也会着急上火，也会委屈得大哭，甚至在盛怒之下，把儿子做好的大虾扔进垃圾桶。但是，即使在险些失去理智的情况下，她都会仔细听儿子的话。如果发觉孩子有理而自己无理，她会静默会道歉，甚至会请求儿子的一个拥抱。

对于胡萍，我是先读其书后见其人。但是，完全出乎我的意料，胡萍写书做研究居然是儿子在背后督促，因为儿子希望母亲有自己的追求与事业，并且以自己的自理和独立让母亲放心。于是，我们见到了学业有成的孩子，也见到了著述甚丰的母亲。多年前我们在研究中提出，21世纪是两代人相互学习共同成长的世纪。如今我可以说，胡萍母子就是共同成长的楷模。

基于以上理由，我愿意向天下父母与教师推荐胡萍的这本书，不是因为她的孩子考上剑桥大学，而是因为她有着教育每一个孩子都需要的爱心、责任与智慧。

中国青少年研究中心研究员
国务院妇儿工委儿童工作智库专家
中国教育学会家庭教育专业委员会常务副理事长
孙云晓

前 言

父母的天职是什么

每一个人来到这个世界,生命中都被上天赋予了职责,我们就把上天赋予的职责叫作天职吧!曾经,我们是父母的孩子,孩子的天职是让自己健康成长,实现自己生命的价值;现在,我们的身份中增加了父母的角色,当孩子叫我们"爸爸""妈妈"的时候,我们是否想过这个称呼中包含着的天职是什么?

在养育根儿的二十多年里,我一直在思考这个问题。伴随着根儿的成长,伴随着我在教育领域里接触到更多的父母和孩子,这个问题的答案渐渐在我的内心清晰起来,成为我研究教育的根基思想。

父母的天职是要懂得孩子的身体发育规律,保证孩子的身体健康成长。由此,当我为根儿中学期间作业压力非常大而焦虑的时候,根儿告诉我,他和另外三个同学分工合作做每天的作业,当然是不能够让老师发现的。此时，我认为他有意识保证自己每天晚上十一点左右能够睡觉，这是他对自己健康的保护，我支持他。

父母的天职是要懂得孩子的身心发展规律，保证孩子心理和认知健康发展。根儿在很小的时候，每天要开关电灯无数次，有时候会连续开关电灯一小时。我知道那是根儿在探索开关和灯的关系，探索他的手指按压开关与灯泡发亮的关系，我会一直抱着他，站在开关前，任由他探索。

父母的天职是要帮助孩子建构对这个世界的安全感，让孩子在充满爱、尊重、信任和帮助的环境中长大。当根儿很小的时候，我不懂得依恋关系对孩子安全感的重要性，在根儿断奶后我就把他留在成都，自己回到昆明上班。当我现在知道自己当初因为无知犯下这个错误时，悔之晚矣。

父母的天职是要发现和保护孩子的天赋，让孩子的天赋拥有自由生长的空间。根儿对厨艺有着天生的热爱和激情，我们积极满足他的愿望，给予他充分的物质支持和精神鼓励。在学业紧张的中学时代，他可以用一整天来研究面包的烤制，也可以用一整天来研究高汤的制作，还可以用一整天来烤牛排。我希望他因为厨艺对生活充满热情，因为厨艺发现自己。

父母的天职是要帮助孩子建构生存的勇气和智慧。根儿在经历剑桥的数次考试中，每当遇到困境时，我们都允许他表达自己的痛苦和压力，也允许他做出自己的选择，同时也鼓励他不要轻易地放弃自己的梦想。我知道，一旦他坚持后获得成功，他就能品尝到坚持和忍耐带来的快乐和幸福，这是我们面对生活最根本的勇气和智慧。

父母的天职是要与孩子一起成长。我们第一次做父母，不懂孩子，不懂养育，甚至不懂自己。在养育根儿的过程中，我们犯下了许多错误。这些错误为根儿的生命留下了阴影，导致了根儿的成长缺陷，虽然根儿已经长大，我仍然能够看到根儿的成长缺陷给他后来的发展带来的影响，然而我却已经无能为力。此时，我也理解了，为什么我们每一个人的生命中都有成长缺陷，而这些成长缺陷成为阻碍我们获得幸福感、获得成就感、获得尊严感的绊脚石，突然明白这个世界没有完美的妈妈和爸爸。由此，我学会了宽容、理解、接纳、尊重，这是我养育孩子获得的最大成长。

父母的天职是什么？如果要细细数来，还有好多好多。总之，父母的天职是爱孩子。这份爱，是理性与感性的结合，是能够重塑孩子生命和灵魂的能量，是帮助孩子实现生命价值的智慧，是父母重新发现自己生命状态的反光镜。这份爱，让孩子的生命根植其中，让父母的生命根植其中，然后，孩子和父母的生命之花都能够得到完美绽放！

根儿2012年就读剑桥大学耶稣学院，现在，根儿已经硕士毕业。在剑桥大学四年的学习过程中，他不仅仅完成了自己的学业，也有对自己生命的思考——我到底要成为一个怎样的人？带着这样的思考进入了社会，我相信，他能够成为他想成为的人！

记得在做了妈妈之后，我一直有一个心愿：在根儿上大学的那一天，我要把一本记录他成长的日记本，作为他成年的礼物送给他，让他保留自己成长的经历和我们对他的爱。后来，博客日记变成了与博友们交流孩子成长的地方，在记录根儿成长的同时，我也在反思自己的教育观念和方法，反思整个中国的教育和传统。于是，"日记本"里不仅仅只有根儿独自的成长经历，还有我与博友们思想的交汇，这些经历和思想成就了《父母的天职》系列书籍。这套书是我们与根儿二十年共同成长的纪念，也是我们二十年共同成长的经验与教训的分享!

　　希望这套书能够给读者带来一些思考,在教育孩子的道路上,我们懂得了父母的天职,成就的不仅仅是孩子,更是我们自己!最后,希望这套书能够帮助到更多的家庭!

胡　萍

目录 Contents

1 父母都会犯错误
世上没有完美的父母 ‖ 003
导致父母犯错的三大因素 ‖ 005
父母的成长与使命 ‖ 007

2 我在育儿过程中犯下的错误
对孩子早期生命内在发展的无知 ‖ 011
学习钢琴的经验和教训 ‖ 027
对孩子人格建构的破坏 ‖ 044
将孩子置于危险的境地 ‖ 050
过多的包办替代 ‖ 053
不懂得用心灵倾听孩子 ‖ 057
忙于工作后对孩子的忽视 ‖ 066
训斥和误解 ‖ 071
矫牙风波 ‖ 075

3 离家求学的得与失
我为什么要带根儿离家求学 ‖ 095
离家求学带来的遗憾 ‖ 101
夫妻情感的考验 ‖ 108

找到我终身喜爱并从事的事业　　‖ 115
给带孩子离家求学的父母几点建议　　‖ 119

4 父母容易犯下的错误

破坏孩子感受美的能力　　‖ 123
无视孩子的情感需求　　‖ 125
破坏孩子的动手能力　　‖ 127
让孩子随地大小便　　‖ 130
不懂小朋友之间的交流方式　　‖ 132
无视孩子当下的感受　　‖ 135
教孩子说谎　　‖ 138
用体罚的方式来教育孩子　　‖ 140
没有规矩，不讲规则　　‖ 143
陪伴需要用心　　‖ 146
破坏孩子的好奇心和探索兴趣　　‖ 148
不会写中文的中国女孩　　‖ 151

5 父母自身存在的缺陷

缺乏解决问题的勇气　　‖ 155
缺乏独立自主精神　　‖ 158
盲从于老师的决定　　‖ 161

逃避责任 ‖ 163
不够爱孩子 ‖ 165
不懂得倾听孩子的心声 ‖ 167
不为孩子提供有效的保护和帮助 ‖ 169
容忍家庭暴力 ‖ 174
按照自己的思维要求孩子 ‖ 176
不懂得建构、执行规则 ‖ 180
把孩子当成实现自己人生价值的工具 ‖ 182
忽视权威的建构 ‖ 184
缺乏认知,"误诊"孩子 ‖ 188
被孩子的无理要求绑架 ‖ 193
重知识输入,轻人格培育 ‖ 195

致谢 ‖ 197

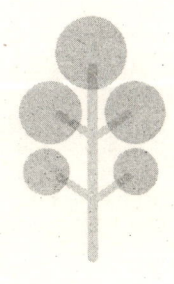

Chapter 1

父母都会犯错误

这个世界上没有完美的父母。父母不要要求自己完美无缺,认识并接受自己曾犯下的错,力争不再重犯即可。

世上没有完美的父母

曾经，我与很多父母一样，希望自己做一个完美的妈妈，于是，十分努力地思考如何养育一个让自己满意的孩子，也极其努力地按照自己认为正确的方式养育根儿。看着自己的教养成果，以为自己已经做到完美了，却不知，我们自以为是的方式却破坏了孩子的正常发育和发展。

明白自己养育中犯下了严重错误的时候，根儿已经14岁了。那一年在北京听李跃儿老师的讲座，她讲到了儿童心理和认知发展，我才幡然醒悟，终于明白父母犯下的错误会给孩子带来怎样的伤害，也终于明白这样的伤害对孩子生命质量的影响，同时深深地为自己的无知给根儿带来的伤害而感到心痛，第一次有了悔之晚矣的感觉。现在，根儿已经长大，那些错过了的敏感期，那些我不该说的话和不该做的事，那些本不该带给根儿的伤害……一切都已经无法挽回，再也回不到过去的无奈感像一把尖刀般刺入我的心脏，让我痛苦万分。

自此，多年来我不敢面对自己的错误，每次想到自己曾经做过的那些错事，想到孩子当时痛苦的样子，我就开始逃避，甚至害怕去听关于孩子认知和心理发展的课程。虽然我一直在努力改正自己的错误，修正自己的育儿观念，告诉自己：我是第一次做妈妈，犯下错误是必然的，只要这样的错误不是滔天罪行，没有让孩子的心灵支离破碎，没有让孩子的人格破败低下，应该会得到上天的原谅。

我每一次听李跃儿老师讲解儿童心理和认知发展规律，都会在内心深处谴责自己当初对根儿犯下的错误，会心痛得无法继续听讲，想离开会场，又不想失去听课的机会，于是，只好用拳头轻轻敲打自己的胸口，就这样纠结着，烦躁不安地听课。每次听李跃儿老师的课，我都会出现这类表现，仿佛得了听课综合征。

在一次李跃儿老师的讲座上，我与玉米妈坐在一起，听课中再次出现了听课综合征。玉米妈在一旁看着我捶胸，对我说："我也经历过你这样的阶段，一边听课，一边痛苦地谴责自己对孩子不好，现在我已经过了这个阶段了。其实，没有不犯错的妈妈，李跃儿也犯过错啊，她的书里也写了自己对儿子成长的破坏啊！"几年来我无法摆脱自己的犯罪感，听到玉米妈的话，仿佛立即被特赦，心痛的感觉减少了一大半。之后，听课综合征便消失了。

虽然玉米妈的话让我卸下了犯罪感，但我还是有一些担忧，总认为自己曾经做错的事情会给根儿带来很严重的心理伤害，这种担忧让我时常焦虑。在一次讲座上，一位老师在讲课时说的一句话，彻底治好了我的这个焦虑。她说："父母都有可能伤害到自己的孩子，但是，不可以伤得太深。孩子的心灵被父母伤害后，可能有伤痕，伤痕慢慢会自愈，但父母不可以让孩子的心破碎不堪，破碎的心灵将无法修复。"我立即开始反思自己犯下的错误，最终我认为我的错误没有导致根儿心灵破碎，是属于"伤痕"一类的伤害。只要我从当下开始，知道自己的错误，并尽力改正，不继续伤害根儿，这些"伤痕"就会慢慢消失。自此，我不再焦虑，而是全身心投入学习科学育儿知识和改正错误中，内心变得阳光，充满了正能量。

成长的过程让我领悟到，这个世界上没有不犯错误的父母，只有不敢面对错误的父母。我们可以选择做敢于面对错误、改正错误的父母。只要我们愿意改错，孩子对我们是无限包容的，他们不会记恨我们。

导致父母犯错的三大因素

父母在养育孩子的过程中，容易犯下错误的原因主要有以下三个：

第一，不懂得尊重和敬畏孩子的发展规律。既然父母的责任是养育孩子，我们就应该懂得孩子生命发展的规律。孩子的生命发展包括了多个方面，比如身体发展、认知发展、心理发展、行为发展、思维发展、语言发展、运动发展等。孩子生命中的每一项发展都有其自身的规律，家长应该尊重和敬畏孩子的生命发展规律。然而，由于我们的文化中缺失了对儿童认知和心理发展规律的研究、传播和应用，因此在我们的养育文化中，缺失了对儿童生命发展规律的尊重和敬畏。关于孩子生命发展的规律，我在《父母的天职：让孩子的天赋自由成长》中进行了详细讲解，读者可以参阅。

第二，父母不能够做到知行合一。越来越多的父母已经意识到自己在育儿知识和技能方面的缺失，他们开始努力学习，然而，在懂得了这些知识和技能后，却因为习惯、环境、压力等种种原因，他们无法将学得的新理念和新知识贯彻在自己的养育行为中，导致知行不合一的状态。这种状态让父母非常纠结，既无法建立正确的养育方式，又总是祈求孩子身心健康发展。关于如何做到知行合一，读者可以参阅《父母的天职：回归教育本质，完善孩子人格建构》。

第三，错误养育方式的传承。在我们的文化传统中，缺失了对于儿童认知和心理发展规律的研究、传播和应用。对于儿童的教养与培育，往往延续着祖辈的教养方式，这样代代相传，将无视儿童发展规律的养育方式传递了几千年。在我们成为父母后，我们往往就会按照父辈养育我们的方式养育孩子，父母曾经犯下的错误，我们也会在养育孩子的过程中再犯。

除了以上三个容易犯错的原因，每一位父母自身的成长缺陷，也会导致在教养孩子的过程中犯下错误。因此，作为父母，在养育孩子的同时，也要修复自身的各种缺陷和不足，这样才能保障孩子的健康成长，让自己和孩子的生命更加美满幸福。这是孩子给父母带来的成长机会，也是父母的使命。

父母的成长与使命

迪士尼电影《爱丽丝漫游仙境》，讲述了爱丽丝成熟长大的故事。爱丽丝被上天赋予了重建地下世界秩序的重任，她必须要杀死长着九个脑袋的怪头龙，让地下世界恢复以前的和平安宁。然而，面对庞大而凶残的怪龙，爱丽丝认为自己无法承担这样的重任，她感到无比的恐惧和无助，她退缩过，也彷徨过，最终，在地下世界朋友们的帮助下，爱丽丝勇敢地挥舞利剑，将怪龙的九个头逐一砍下，杀死了怪龙，完成了使命。完成使命的过程让爱丽丝脱胎换骨，她发现了自己的勇气和智慧，对自己有了全新的认识！

在养育孩子的过程中，父母需要对付的怪龙也许远远不止长了九个头。那些成人身上的缺陷：缺乏勇气、知行不合一、缺乏智慧、不懂儿童的发展规律……还有那些世代相传的错误理念和方法：给已经能够独立吃饭的孩子喂饭、按照成人的需要给孩子把尿、包办替代孩子力所能及的事情、把孩子变成考试的机器、将孩子的兴趣功利化、把伤害孩子的行为理解为是孩子必经的挫折、把孩子作为满足自己虚荣的工具、用孝道控制孩子的精神……如此种种，导致了父母在养育孩子中的困扰和痛苦，如果我们要想培养一个健康优秀的孩子，让自己的生命更加美好，就要勇敢面对并修复自身的缺陷，勇敢地与各种错误的养育观念和方式进行抗争，像爱丽丝那样挥舞利剑，将怪龙的头逐一砍下。

对家长而言，与怪龙的抗争过程，是一个自我的抗争过程，要经历深刻的痛楚，这是自我成长和完善的必经之路。因为害怕这样的痛楚，每一次抗争都会让我们感到恐惧和无助。一些父母像爱丽丝一样，勇敢无畏，奋勇向前，与孩子一起成长；而一些父母开始退缩和逃避，将自己置身事外，放弃自己的成长与使命。最终，只有那些克服了恐惧，像爱丽丝那样勇敢的父母，才能够在完善自己的同时，用一颗智慧之心养育身心健康的孩子，从而完成上天赋予父母的使命！

从根儿降临的那一刻开始，做一个好妈妈就成为我的使命。我从未放弃与生命中的"怪龙"抗争。养育根儿二十年，我逐渐发现自身的缺陷，开始努力修复自己的生命。我也犯下很多错误，但从未逃避在养育孩子的过程中完善自己的这一使命。让我痛苦的是，在不断改变自己的同时，仍有新的错误出现；让我欣喜的是，比起过去，我犯的错误越来越少；每一次犯错后，至少知道自己做错了，勇于承认并改正错误。我明了自己不是一个完美的妈妈，但我为自己的成长感到欣慰！

在这个成长的过程中，我会重新思考生命的价值，正视自身的缺陷，走出困扰，让自己的生命焕然一新。同时，我也享受了重新学习育儿之道、掌握育儿之术的乐趣；看到我的孩子健康成长，这是作为母亲最大的快乐和幸福。此外，我还将自己亲身得来的教育理念和经验传递给需要的人，帮助更多的家庭。这一切，都是我尽心养育孩子所得的人生财富！

Chapter 2
我在育儿过程中犯下的错误

把我和孟爸在养育根儿的过程中曾经犯下的错误写出来,让更多的父母不再重复我们的错误,这是给我们最好的救赎!

对孩子早期生命内在发展的无知

二十年前，根儿来到了这个世界。那个时代没有能够帮助父母了解儿童发展规律的书籍和讲座，对于这个新的生命，我们一无所知，只能在茫然无措中抚育我们的宝贝。

把9个月大的根儿丢给外公外婆

根儿出生在四川都江堰，那是我出生和长大的地方。根儿出生后，我的父母对我们百般呵护，直到根儿9个月大时，我不得不回到昆明上班，把根儿留在了都江堰。那个时候，我们都认为孩子是没心没肺的小动物，他们离开母亲后不会难受，只要有人照顾好他们的吃喝拉撒就OK。等他们长大一些后，我们再接回来，他们依然会与我们有密切的情感联系。

现在我才明白，孩子在2岁前与母亲的长期分离会给他的发展带来诸多问题。孩子出生后，会与母亲之间形成一种亲密的、持久的情感关系，这就是儿童的依恋行为。为了更清晰地解释"母子分离"这种行为的错误，我们需要先了解儿童早期依恋关系的建构。英国儿童心理研究专家J·鲍尔毕（John Bowlby）经过研究发现，儿童早期的依恋关系发展经历了四个阶段。

第一个阶段是无分化阶段，这个阶段大致在孩子三个月左右。其表现特点为婴儿与母亲的反应方式与对其他人的反应方式之间没有明显的分化，用我们熟悉的话来说，孩子还不会认人。当孩子能够利用视觉信息将母亲与他人区分时，便意味着这个阶段的结束。

第二个阶段是低分化阶段，这个阶段大约在孩子3~6个月左右。婴儿开始识别熟悉和不熟悉的人之间的差别，具有了表示偏爱的意向，又不具备排他性。这个阶段的孩子偏爱母亲，但也不排斥他人。

第三阶段是依恋形成阶段，这个阶段大约在孩子6个月至2岁左右。在依恋形成阶段，孩子会预料母亲的行为，并主动调整自己的行为与母亲的需要达成一致。他们追随母亲，爬行、拥抱、与母亲亲密的身体接触都是依恋关系建构的行为；孩子开始说话后，言语交流也构成了依恋的媒介。当婴儿反抗与一个特定的对象分离时，这就是依恋的表现。

第四阶段是修正目标的合作阶段，这个阶段大致在孩子2岁半以后。其特点为孩子能够从母亲的角度看问题，推测母亲的情感动机，决定采用怎样的行为和计划来影响母亲的行为，达成与母亲的合作，形成与母亲的伙伴关系。

J·鲍尔毕认为，儿童与其他人的依恋关系也接近同样的发展模式。依恋贯穿于人的一生，孩子对父母的依恋可能会随着年龄的增加逐渐减少，可能会被其他依恋关系所代替和补充，但是，没有一个人不受早期依恋关系的影响。

根儿9个月大时，正处于第三阶段依恋发展阶段。我给根儿停止了母乳喂养后，突然离开了他，年幼的根儿与最亲密的依恋者切断了联系。直到2岁半回到我们身边，中间虽然也有团聚的时候，然而，每次团聚期间，根儿刚好与我们建立起了信任，又与我们分离。反复的离别伤透了根儿的心，他会这样来看待我们之间的关系：爸爸妈妈不会永远和我在一起，与爸爸妈妈建立的亲密关系是不稳定的，爸爸妈妈会反复抛弃我，他们不值得我信任。

在依恋关系的发展中，我们看到了一个非常重要的能力建构，那就是孩子与母亲的交流。这样的交流能够帮助孩子理解他人的内心活动，从而调整自己的行动计划，达成两人的和谐，这是孩子未来人际关系发展的基础。这个能力的发展在依恋的第三阶段蓬勃发展,延续到第四阶段。当我离开根儿后,根儿与我在9个月中建构的依恋关系停止在了第三阶段的初期,根儿理解他人内心的能力发展的关键阶段就此被阻碍,为根儿后来的人际交往能力埋下了后患。

与我分离之后,根儿需要与照顾他的外公外婆重新建构依恋关系。然而,怀胎十月加上母乳9个月,让根儿与我建构的依恋关系远远超越了外公外婆仅仅是照顾建立起来的依恋关系,根儿对外公外婆的依恋行为并不会削弱他对我的依恋。直到多年以后,从我父母那儿零星听到了根儿在我离开他之后的忧伤——

我离开的第二天,根儿上午起床后找不到妈妈,开始哭闹。晚饭过后,外公抱着他到楼下玩,见到一个皮肤白白的女人,根儿以为是妈妈,直接扑到了女人的怀里,仔细一看,才发现不是妈妈,立即扑回到外公怀里。可怜的根儿还不会说话,突然看不到每天抱着他的妈妈,不知道如何表达自己的思念和恐惧。对于根儿此时此刻的困惑和焦虑,远在昆明的我却一无所知。

不在根儿身边的日子,还不会说话的根儿一旦生病,就会躺在床上叫"妈妈"。外婆一旦听到他叫"妈妈",就知道根儿发热了——这是只有在生病时他才会说出的两个字。现在我才明白,那是根儿对我的无尽思念才让他饱受疾病的折磨啊!

离我父母家四百米处有一家照相馆,相馆的橱窗里张贴着一个年轻漂亮女人的大幅照片,占据了整个橱窗。我离开根儿之后,他每天都要外公抱着去照相馆的橱窗前看"妈妈"。他认为那个女人就是我,根儿此时已经拥有了用这张照片来抵御与我分离产生的焦虑的能力。有一天傍晚,都江堰下起了瓢泼大雨,根儿坚持要外公抱着去看"妈妈"。因为下午才去看过了"妈妈",屋外又下着大雨,外公没有答应根儿的请求。此时,从来都温顺的根儿突然号啕大哭起来,在地上不停地打滚,把外公外婆吓坏了,看到根儿如此痛苦不堪,他们便冒着大雨,外婆抱着他,外公撑着雨伞,带着根儿再次去看了"妈妈",根儿才满意地回家睡觉。第一次听到母亲告诉我这个情景时,根儿已经16岁了,我没有在母亲面前流泪,而我的心却不停地流血。我现在才明白,那个雨夜里,根儿的心因为对我的思念,几乎破碎,而他却只能够用这样的方式来表达!

根儿与我分离之后,他更多的忧伤我无从知晓。母亲偶尔会平静地讲述根儿与他们在一起的岁月,回忆着那段辛苦而快乐的日子。每当听到根儿这样的故事,都会犹如一根利刺刺入了我的心,不论后来我多么努力想成为一个好妈妈,都无法将这根利刺从心里拔出,让我时时心痛不已,内心常常因为这样的刺痛而发出一个痛苦的声音:"我们再也回不到从前了!如果时光能够倒回,我发誓,在你幼年的时候,不会让你离开我的怀抱!"

在根儿上学期间,学校经常组织夏令营活动,无论是国内的夏令营还是国外的夏令营,根儿从来不参加,无论我们如何表示支持,他都认真而坚定地拒绝,每次拒绝的方式都只是说出一句话:"我不参加,你们是不是又想抛弃我?!"我曾经的突然离开在根儿心里永远是一个结,那种感觉深埋在根儿的内心深处,长大的根儿已经学会用"抛弃"这个词语来表达内心深处的"被抛弃"情结。尽管我和孟爸在后来的日子里全力爱着他,这个伤痕的修复也用了整整二十年!或许,伤痕对根儿未来的影响仍然在继续,期望我们全身心的爱能够将这样的影响减少到最低程度。

近年来我经常有机会到一些幼儿园和学堂里参观。每当看到那些全托的幼儿,他们一周才能够与父母团聚一次,有的孩子半年才能够与父母团聚一次,每次进入这样的幼儿园和学堂,看到简单到极致的环境,孩子们没有什么玩具,只有几本与孩子认知年龄不符合的传统经书、课桌和睡觉的大通铺,孩子们活动的院子只有一块光溜溜的水泥地,连一个滑梯都没有。从孩子们的眼睛里我看到了根儿当年的无助和期盼,内心的刺痛会让我产生窒息的感觉。在这样"冰冷"的环境里,这些2~4岁的孩子如何建构好依恋关系？根儿当年有悉心照顾他生活和情感的外公外婆，而这些孩子的情感照顾又能够依靠谁呢？根儿通过照相馆橱窗里的女性照片来寄托对我的思念之情，这些孩子又如何安置对爸爸妈妈的思念之情呢？根儿可以与外公外婆重建依恋关系来发展人际能力，这些孩子能够与老师建构起依恋关系来完成他们的生命发展任务吗？

如果我现在不懂得儿童的心理发展，我不会看到当年的离开给根儿带来的心灵伤害和人际发展能力的破坏，我会认为根儿在外公外婆那儿生活得很好啊，就像现在那些把孩子全托的父母一样，只要看到孩子能吃能睡不生病不受伤，我们就觉得孩子生存在那样的环境里已经很好了，然而，尽管孩子见到我们的时候依然在笑，但他们在那样的环境里经受了多少煎熬，个中滋味只有孩子自己知道！

根儿的"分离焦虑"

分离焦虑是指孩子失去与父母（依恋对象）的联系而产生的恐惧心理。J·鲍尔毕的研究发现，分离焦虑经历了三个界限分明的阶段：

第一个阶段是反抗阶段。儿童极力地阻止与母亲（或者依恋对象）的分离，自发地采用各种方式试图与母亲重新亲近。我们在养育孩子的过程中经常能看到孩子不让母亲离开而哭闹的情景。

根儿在2岁半时回到了我们身边，此时外公外婆依然陪伴着他，根儿与我的依恋关系迅速恢复。当时，我每天要离开他去上班，每次我离开时，根儿都会大哭，还会追着我的自行车飞跑。我不懂得如何帮助根儿，只是想到尽快离开他，每次离开前都不与根儿告别，这种错误的做法让根儿担忧再一次失去我。

现在我才懂得了正确的做法。如果时光能够倒回，我每次离开他的时候，会用10分钟左右的时间来跟他告别，向他说明我要去上班，然后指着墙上的挂钟告诉他我会在下午6点钟的时候回到他身边，与他亲吻拥抱之后才离开。我会将告别的形式固定成我们的模式，渐渐地，根儿就不会恐惧我的离开，他会在下午6点的时候等待我的归来，而我一定会在约好的时间出现在他面前。

第二个阶段是失望阶段。当与母亲亲近的愿望得不到满足，儿童开始失望，反抗行为随之减少，反抗强度也随之减弱。儿童表现为一种失助状态，不理睬别人，表情迟钝，由烦恼转为安静。根儿在刚进入幼儿园的时候，有一个月的时间就是处于这样的状态。当时我们并不知道这是分离焦虑的表现，没有对他进行帮助。

第三个阶段是超脱阶段。儿童的依恋行为被抑制，但依恋联结并没有消失。我的父母在照顾根儿期间，不时带根儿来昆明，我们也在会节假日回到成都；但长期与根儿分离，使得根儿在重逢初期表现出对我不理不睬，甚至拒绝跟我和孟爸拥抱。由于我们的依恋联结没有消失，这样的超脱反应很快就被根儿对我的依恋行为所取代：他与我寸步不离，每当我不在他的视线范围时，他一定会大声叫妈妈，直到听见我的回答为止；如果我不回答他的呼喊，他会立即停下正在进行的工作或者游戏，四处寻找我的身影。然而，相聚后的分离又让重新建立的依恋关系断裂了。

在外公外婆照顾根儿的两年半时间里，他们始终温和对待根儿，从不大喊大叫，更不会对根儿打骂。根儿温顺平和的性格就是在这样的环境中养成的。根儿3岁上幼儿园后，外公外婆离开昆明回到成都，此时，根儿的身体出现了异常。每天晚上睡觉时，根儿就会出现剧烈的咳嗽，然后是呕吐，大量的呕吐物弄脏了床单，让陪伴根儿睡觉的孟爸十分恼火。这样的咳嗽和呕吐一直持续了两个月，只发生在晚上睡觉的时候，白天没有任何异常。我带根儿到医院做检查，胸部拍片后，医生们都怀疑根儿得了肺结核。我打电话给我的父母告知根儿的情况，父亲立即坐火车来到昆明，他决定带根儿回成都进一步检查，我们同意了。奇怪的是，根儿回到外公外婆身边后，没有进行任何检查和治疗，立即停止了咳嗽和呕吐。父亲告诉我，根儿一切正常，回到成都的第一天就没有出现咳嗽和呕吐，每天晚上他都安然入睡。

现在我才明白，照顾根儿近三年的外公外婆突然离开，让他的内心非常不安，他与我们的依恋关系还处于建构初期，对我们的信任感没有完全建立，而对他不离不弃的外公外婆却离开了，这样的焦虑导致了根儿的心理问题，这种心理问题表现为晚上睡觉时出现咳嗽和呕吐的生理症状。与外公外婆在一起后，根儿获得了安全感，心理问题不再存在，生理症状自然就消失了。

强迫根儿"喊人"

在J·鲍尔毕的研究中，他提出了儿童发展中存在的"警觉-恐惧行为系统"，这个系统导致儿童遇到陌生人或陌生的事物时产生回避反应，这是人类的自我保护系统，对婴儿具有保护的作用。当孩子在6个月左右产生了依恋之后，便开始对陌生人产生警觉-恐惧行为，表现为对陌生人的谨慎、惧怕、回避等行为反应，并伴有"陌生焦虑"。1岁左右的孩子对陌生人的警觉-恐惧行为更加明显和频繁，2岁以后逐渐减少。

在我们的传统养育方式中，我们在孩子很小的时候就要求孩子对陌生人（父母的熟人，但对孩子来说是陌生人）笑脸相迎，还要主动与他们打招呼，以显示我们在对孩子进行礼貌教育。如果孩子瞪着恐惧的眼神看着这个陌生人而没有甜甜地喊出"叔叔"或"阿姨"，父母还会在陌生人面前数落孩子："看你，真不懂礼貌！赶快喊人啊！"而此时的孩子，可能正是处于"陌生焦虑"阶段中，却被父母扣上不懂礼貌的帽子。

记得根儿1岁半的时候，孟爸的同事来到家里。根儿一见到陌生人，立即跑进了卧室里，关上门后躲在里面。当时我们不懂得把根儿抱在怀里，至少能够减少他的"陌生焦虑"感，而是让根儿从卧室里出来，与"陌生人"打招呼,"快喊叔叔啊!要有礼貌!"根儿怯怯地从卧室里走出来,却不愿意喊一声"叔叔",乘着我们不注意,根儿又躲进了厨房。我们认为他的胆子太小,也就没有多深究了。

对于刚回到昆明的根儿来说,家里的亲戚都是"陌生人",根儿的奶奶也不例外。奶奶非常喜爱根儿,但不懂得与根儿建立起信任和亲密的关系需要时间,2岁半的根儿尚不明白自己与这位老人是什么关系,每次与根儿见面,奶奶都要求根儿喊她"奶奶"。虽然我们也让根儿有礼貌,但倔强的根儿就是不开口。一次,奶奶与根儿见面后,给了根儿一袋他爱吃的饼干,然后对根儿说:"你要喊我,不然我就不给你饼干了。"根儿立即把已经拿到手上的饼干还给了奶奶,转身离开。几次见面之后,奶奶对我们的教育有了意见。

有一次我们去奶奶家吃晚饭。吃完晚饭之后根儿要回家,就在我们要离开的时候,奶奶又对根儿大声说:"喊我,喊我!"根儿没有吱声,转身准备朝门外走去。此时,从来不对根儿动粗的孟爸,突然冲过去打了根儿的屁股一下,还大声地叫道:"为什么不喊奶奶!今天我就要你开口!"根儿被孟爸的行为吓得大哭起来。我立即抱着根儿一边安慰他,一边走出了奶奶家。

孟爸追了出来,非常生气地数落我:"就是你这样宠着他,他才没有礼貌,不知道喊人!"我也生气地对孟爸说:"孩子这么小,才回昆明,没与奶奶在一起生活,他自然与奶奶不亲。等他长大一些就会喊奶奶了,为什么要打他!"

回到昆明之后,大环境的变化以及与我们重新建构依恋关系,让根儿对陌生人的适应和接纳慢了许多,这个阶段根儿对所有的陌生人都保持着警觉,不会主动与陌生人打招呼。然而,对于根儿不主动喊奶奶导致的家庭矛盾开始升级,孟爸觉得自己的母亲没有获得尊重,对我不强行要求根儿喊奶奶非常不满。终于,在一次奶奶家的晚餐后,我们离开时,根儿依然不开口与奶奶道别，孟爸又开始发火，我也开始对根儿发火，强行要求他喊一声奶奶。根儿见到我们俩都对他凶巴巴地大喊大叫，吓得哭了起来，终于喊了一声奶奶。奶奶和孟爸非常满意，在离开奶奶家的那一刻，抱着哭泣的根儿，我的内心很难受，但不知道自己到底是做错了，还是做对了。

现在，我知道当初我和孟爸都错了。我们沿袭了国人对"尊重"和"有礼貌"的误解，强迫孩子表面与他人友好，而非发自内心地与他人交流。我们认为这样是在教育孩子尊重他人，对他人有礼貌，甚至还认为这是中华民族五千年的优良传统！

尊重是在认识事物和公理之后自觉地接纳和遵守，这样的自觉接纳和遵守才是发自我们内心的尊重，而对他人的礼貌也应该出自内心的尊重。我们在教育根儿要尊重他人、要有礼貌的同时，采用的却是不尊重根儿、对根儿不礼貌的方式。在我们的文化中，始终强调了孩子对成人的"尊重"，尽管这样的尊重来自孩子被迫做出的表面工作，而不是发自孩子的内心。

根儿还处于"陌生焦虑"阶段，我们对根儿的尊重就是懂得他目前的心理状态，接纳他目前不喊奶奶的行为，提供他与奶奶多接触的空间和时间，等待他与奶奶建立起亲密关系，然后，他就会自然地对奶奶亲近，喊一声奶奶成为根儿发自内心的行为，这才是根儿对奶奶真正的尊重。如果我们用这样的方式尊重了根儿，他也就会传承我们的做法，对他人的行为理解宽容和接纳，真正懂得尊重他人。在我们五千年的传统文化中，缺少对儿童真正的尊重和理解，这让我们成为父母后，虽然有爱孩子的激情，却没有爱孩子的能力，不懂得什么才是真正的尊重！

阻止根儿丢面包

2岁左右的根儿进入了对空间的探索阶段。他把面包抛在空中，然后观察面包从空中掉落在地上……他对这样的空间探索乐此不疲，有时候，还会连续把几个面包抛向空中。外公外婆看着他这样做，也没有制止。

当我发现根儿抛面包的行为时，我还不懂得这是他探索空间的行为，我的大脑里只有传统的教育观念——不可以让孩子浪费粮食，要从小教育孩子珍惜粮食。于是，我耐心地告诉根儿，不可以把面包丢在地上，这是农民伯伯辛苦得来的粮食。然而，空间探索能力的发展是生命发展的本能——他并没有停止丢面包的行为。在我对他的教育之后，他改变了一点点方式，拿起面包后先咬一口，然后再把面包丢在地上，看面包在地上滚动。眼见根儿继续浪费粮食，我开始严厉管教，有一次拿着一根筷子吓唬根儿："如果你再继续丢面包，我就要打你的手了！"终于，根儿被我吓住了，不再丢面包了。当时，我还得意我的教育方式起作用了。

现在，我才知道我的做法是错误的。如果我当时就明白根儿用丢面包的方式在探索空间，我会在教育根儿节约粮食的同时，为根儿提供更丰富的环境和材料，配合他对空间的探索。比如，我会用为根儿提供皮球、摔不坏的玩具、小沙包等，然后让根儿用这些物品替代面包，尽情地探索。然而在当时，我除了阻止根儿的行为外，没有对根儿的空间探索发展给予更多的帮助。

第一次带根儿坐出租车

根儿2岁半以后还保持着明显的秩序感，这种感秩序感近乎刻板。每天晚上7点左右，根儿都要孟爸开车（工作用车）带他到昆明的樱花购物中心去玩滑梯，而且每次都要求经过西苑立交桥，他一定要观察一下立交桥旁边的两盏大路灯是否点亮。到了樱花购物中心，在儿童乐园处的冷饮店，还要买一个放上了一颗樱桃的冰激凌，他像观赏艺术品一样观察这个冰激凌，然后只吃掉樱桃，并不吃冰激凌。孟爸每天都耐心地满足根儿的要求，直到一年后根儿对购物中心失去了兴趣。

根儿回到昆明后，凡是我们带他坐车，我都是抱着他坐在副驾驶的位置上（现在的交通法规是不允许儿童坐在副驾驶的位置）。根儿对孟爸的车非常熟悉，他几乎没有坐过其他车。有一次，我带着根儿外出，与一位朋友叫了出租车，为了与朋友谈事情，我们一起坐进了汽车的后排位置。从一上车开始，根儿就情绪反常，不停地叫到"要坐在前面，我要坐前面！"因为一直与朋友讨论着事情，我没有理会根儿的要求。根儿的情绪非常激动，跳着叫着大哭了起来，性情一贯温和的根儿从来没有出现这种情况，他的情绪把我激怒了，于是我挥手狠狠地打了他……

现在我明白了根儿当时为什么情绪反常。他第一次坐在轿车后排，2岁多的根儿不熟悉这辆车，第一次坐汽车后排产生的恐惧和焦虑，让他出现了哭闹的情况。如果我当时明白这是根儿秩序感的表现，我会抱着他进行安抚，停止与朋友的讨论，直到他适应。

我对根儿的暴力行为

根儿2岁那一年的冬天，昆明下起了大雪。正值春节期间，我和朋友一起带着孩子到农村去看雪景。朋友的孩子才半岁，因为是到她的亲戚家里玩，孟爸没有随行。

农村的大家庭里异常热闹，在宽敞的房间里生起了炭火，虽然屋外冰天雪地，屋里却异常温暖。朋友家人的热情和好客，让我很快放松了下来，在这样的气氛中释放自己疲惫的身心，在朋友的邀约下加入了打麻将的行列。自从生下了根儿之后，这是我第一次放松。

朋友的家人为了让我玩得尽兴，提出帮我照顾根儿。阿姨想带着根儿去找小朋友们玩，可是根儿却死死地抱着我的大腿不松手，两眼恐惧地看着我，大声哭了起来："我要妈妈，我要妈妈！"此时的我已经失去了母性，被放松后的兴奋控制了身心，不再顾及根儿的哭闹，让阿姨带着根儿去玩耍。根儿被阿姨强行抱着离开了我。

在我打麻将的一个小时里，根儿不停地哭着来找我，我都无动于衷。后来我从麻将桌上下来，带着根儿去看雪景，根儿依然哭着，我非常生气地把他推开，不让他靠近我："妈妈玩一下你都要黏着我，烦死人了！"可怜的根儿一次次扑到我的大腿上，抱着我，我却狠狠地把他推倒在雪地里："我不要你了！你不乖！不听妈妈的话！"根儿扑倒在雪地上，拼命抱着我的腿，害怕我把他丢在这个陌生的地方。我用力甩开根儿，往前走去，根儿撕心裂肺的哭声在村子的上空回响着，他从雪地里爬起来，拼命跑向我……很快我就对自己的做法感到后悔了，他才那么小，为什么要他一定要明白我此时此刻的贪玩之心，我转身抱起哭泣的根儿，他也紧紧地把我搂住。

这是我对根儿最恶劣的一次暴力行为，我感觉自己像一个法西斯妈妈。如果我懂得一个2岁的孩子对新环境和陌生人的警觉与恐惧，就会一直陪着根儿，不会让阿姨来帮我照顾根儿，更不会将根儿带到一个陌生环境后，只顾着放松自己的心情了。多年后，这位朋友还嘲笑我："你现在主张不要用暴力对待孩子，当年也打儿子哈！"

根儿进入幼儿园之前，孟爸和外公带根儿到妇幼保健院进行体检，那天我因为上班没有与他们随行。回到家里后，孟爸告诉了我根儿体检时发生的事情。根儿开始体检的时候很配合医生，到了称体重的时候，根儿坚决不站上体重秤。孟爸威胁、恐吓、大声呵斥、利诱……也没能让根儿站上体重秤。最后，孟爸去找了一根细细的树枝，准备用暴力逼迫根儿就范，被外公阻止了，外公坚持不可以打孩子。僵持了一个小时后，根儿才勉强称了体重。我告诉孟爸："可以让外公抱着根儿一起称重，然后外公再称一次，两个数据相减，根儿的体重就出来了嘛。这么简单的事情，搞得这么复杂！"孟爸一拍脑袋："是啊，当时怎么没有想到！"

根儿在体检时，对环境和医生都感到陌生和恐惧，进行其他检查的时候，都是外公抱着，只有称体重时，根儿的身体与外公分开了，这让他感觉到了不安全；同时，由于根儿从未见过体重秤，他不能够确定独自站上体重秤会带来什么危险，根儿的自我保护机制让他抗拒站上体重秤。而孟爸对根儿的心理一无所知，他只觉得根儿不听话。

很多时候，我们对孩子不理解，却认为是孩子不听我们的话。孩子无法用语言表达他们对环境的恐惧感时，只有用一些行为来告知我们，而我们却不能够读懂孩子的行为，还粗暴地理解为孩子在无理取闹，甚至振振有词地对孩子实施"教育"。我们是多么的愚昧和无知啊！

根儿的感觉统合障碍及其修复

2012年，我去一个城市的金宝贝讲课，根儿与我同行。晚上吃饭的时候，乘着根儿离开餐桌，接待我们的金宝贝负责人悄悄问我："你的儿子小时候有感统障碍吧？"我问："你怎么看出来的？"他说从根儿走路可以看出来。

"感觉统合"是指将人体器官各部分感觉信息输入组合起来，经大脑统合作用，完成对身体外的知觉做出反应。只有经过感觉统合，神经系统的不同部分才能协调整体作用，使个体与环境顺利接触；没有感觉统合，大脑和身体就不能协调发展，这就是感觉统合失调（简称"感统失调"）。

绝大多数孩子在儿童时期都存在程度不等的感统失调。感统失调并不是一种真正意义上的病症，感统失调的孩子智力都很正常，只是孩子的大脑和身体各部分的协调出现了障碍。引起感统失调的原因有先天性的生理因素和后天的环境及人为因素。

根儿存在感统失调有着先天因素和后天的环境因素。因为根儿的头围大于正常孩子2厘米，担心出生时出现意外，所以我采取了剖腹产，出生时压迫感不足导致了根儿出生后存在触觉和平衡感的失调，这是先天的因素。根儿出生后，由我和我的父母照顾，我们三个都是医生，把根儿的卫生置于很重要的地位，却忽略了他感觉与大脑统合平衡发展的需要。我们对根儿过度保护，出于卫生的角度，阻止他在地上爬，没有经过爬行阶段就直接学习走路，不到1岁就让他使用学步车，使他前庭平衡及头部支撑力不足。我们不让根儿玩土、玩沙，甚至不让他玩水、玩面团，害怕弄脏手和衣服，造成他触觉刺激缺乏，手指关节运动的协调缺乏。

错误的育儿方式直接导致2岁左右的根儿出现了明显的感统失调症状：手脚的动作显得笨拙。他在用手挠痒痒时，手指的关节不会弯曲，只有手掌与手指之间的关节能够弯曲，而同龄孩子完全可以灵活地使用手指关节了。根儿走路容易跌倒，路上稍有一点不平就跌跤，跌跤的时候他还不忘记保持手的干净，不会用手着地来保护自己，而是高举着双手跌下去，用头和脸触地，导致了头和脸部经常受伤。根儿的头比较大，经常将头碰撞在门框和家具上。有一天，外公告诉我，根儿一天之内会把头碰撞在门框和家具上十多次。2岁半以后，根儿才能够平稳地走路，比同龄人晚了近一年的时间。同时，根儿的自我保护能力、探索世界的勇气和信心都遭受了阻碍。遗憾的是，我这个专业的儿科医生，却不懂得从孩子的这些表现中发现养育存在的问题，更没有及时地帮助孩子纠正。

因为当时的无知，我们错过了根儿感觉统合发展的最佳时期。根儿3岁后回到昆明，在后来的日子里，孟爸和我开始带他游泳、滑冰、骑自行车、打乒乓球、练习跆拳道、爬山……我们发现同龄孩子只要一周就能够学会的运动，根儿往往需要三四周，甚至更长时间。他在学会遛旱冰后还摔了一跤，将门牙摔断了一颗。这样的过程让我真切感受到，错过发展敏感期后的修复是多么的困难！

就拿根儿学习游泳来说吧，别的孩子可能两周就学会了，而根儿却用了一年半的时间。根儿3岁开始学习游泳时，非常胆小，不敢下水，孟爸就抱着他在游泳池里玩。我与孟爸商定，用足够的时间让他适应玩水，不着急他是否学会了游泳。近一年后，根儿才不需要孟爸抱着，自己可以套着游泳圈玩水了。我们依然不着急他是否会游泳。有一天，我们终于发现他自己取掉了游泳圈，可以在水里自由地游泳了，虽然游泳的姿势是"狗刨"，却让我兴奋了好几天——这是他自己玩会的游泳方式啊！当时，我们没有要求根儿采用标准的姿势，给予他足够的时间感觉独立游泳的勇气和快乐后，孟爸才开始教他蛙泳的标准姿势。

学会了蛙泳的正确姿势，但根儿始终不敢将头闷在水里，这种情况持续了半年，我决定扭转这个情形。一天，我也进了游泳池，虽然不会游泳，但我可以给根儿示范换气的方法。根儿看着平时不会游泳的我都可以将头闷在水里，似乎给予了他信心和勇气，他按照我的方式学习换气，当时就学会了。从根儿4岁开始，我们坚持每个周末都带他到露天游泳池游泳，不论春夏秋冬，一直坚持，这得益于昆明丰富的温泉游泳池。

后来，根儿有了一个同龄小伙伴，每个周末他们都一起相约游泳。昆明的冬天虽然温暖，游泳池里的水温有28℃左右，但是，遇到降温的天气，还是很寒冷。记得有几次遇到降温，我们两家大人都穿着棉衣，在露天游泳池旁边打麻将。两个孩子游泳后上岸玩耍，他们穿着泳裤，嘴唇都冻成了紫色，他们却不感觉冷，照常玩耍。就这样，根儿练就了好的体质，很少生病。

根儿3岁时得了过敏性鼻炎，每天早晨受到冷空气刺激后，会出现打喷嚏、流鼻涕等症状。我用了很多药物为根儿治疗都不见好转，后来，我听说了一个故事：一位4岁的女孩体弱多病，每个月都会生病到医院住院，爸爸为了女儿健康，每周都带她到郊外的一条小河边玩耍，夏天常在小河里抓鱼，后来，女儿身体慢慢健康起来，常年不生病。于是，我给根儿停掉了所有的药物，在坚持周末游泳一年之后，根儿的鼻炎自然地痊愈了。

9岁时根儿到成都上学，中断了每周坚持的游泳。每次假期回到昆明，孟爸会联系好专业的游泳教练，给根儿定下训练计划，一对一地训练根儿，假期里他每天要完成1 500~2 000米的训练任务。这样的假期训练一直坚持到根儿15岁。

在这么多年的补短过程中，我们从没有说一句："你看别人游泳学得那么快，你却这么慢，一年了还不敢把头放进水里！""别人骑自行车只要两天，你却要20天！"学习骑车时，我和孟爸轮流保护着他，20天后看着儿子自信快乐地骑车，我们终于松了口气。别人学习滑冰只要一周，儿子用了一个月……我们让他在补短的过程中获得了自尊与自信。

现在，儿子可以骑车上下楼梯表演特技；可以在水深150米的云南澄江抚仙湖游上1 000米，横渡到江中的孤岛上；可以熟练地穿着旱冰鞋在街上滑行；在高中阶段曾经代表学校参加乒乓球比赛……然而，他的感觉统合障碍依然有痕迹存在。

我是重庆医科大学儿科系毕业的专业儿科医生，然而，在我学习专业的五年里，我们却没有关于儿童发展的课程。我的专业背景让我盲目地自信，以为自己比更多的人懂得养育孩子。现在，我才知道五年的专业训练只让我懂得了给孩子治病，并不懂得养育健康孩子的正确方法。如果当初有先进的早教机构，我在这个机构获得了现代育儿的新理念和方法，就能够弥补我育儿观念和知识的缺陷，让我懂得孩子的爬对于他的运动发展是如此重要，让我能够理性地判断出孩子的运动感觉平衡的发展比讲究卫生更重要；如果我当时懂得儿童发展的规律，认识到孩子的感觉统合发展比讲究卫生更重要，我就会在家里把地板抹干净，让根儿任意开心地在地板上爬来爬去，会带着根儿玩泥巴，不会过度保护他。那么，根儿的身心发展会比现在更加健康。

学习钢琴的经验和教训

5岁的生日礼物

根儿进入幼儿园后，教室里有一台脚踏风琴，每天，年轻漂亮的孙老师都会用这台脚踏风琴弹奏出美妙的音乐，教孩子们学唱歌。那个时候，根儿每天从幼儿园回到家里，就会坐在茶几前，将茶几当作脚踏风琴，学着孙老师的模样，一边用手指在茶几上弹奏，一边放声唱歌，非常愉快地享受着自己的音乐。

渐渐地，根儿开始对与脚踏风琴非常相似的钢琴产生了浓厚的兴趣。每次到商场，他一定会到卖钢琴的地方转悠。只要见着钢琴，根儿必定要拉我过去，然后尽情摸弄一番，有时候还会学着孙老师弹奏一番，每次在管理人员的干涉下不得不离开，根儿还一步三回头，一副恋恋不舍的可怜样！

在我们的朋友圈中，大部分家里都是女孩，女孩们也都在学习钢琴。每次我们带着根儿去到朋友家玩，他都会无比羡慕地看着女孩弹琴，然后趁女孩不注意，偷偷用手摸一下琴，但小朋友们并不懂得照顾一下根儿的心情，每次都会凶巴巴地对他说："不要摸！"吓得他赶快将手缩回来。经常受到这样的待遇，根儿就更加向往那个能够发出美妙乐声的钢琴了。

根儿4岁半的时候，有一天，他突然问我："妈妈，我5岁的生日礼物是什么？"

我："你想要什么吗？"

根儿:"我想要与音乐相关的礼物。"

我:"是要唱歌的磁带?"

根儿:"不是。"

我:"你想要什么可以直接告诉我呀!"

根儿抱着我:"我想要钢琴!"

我心里紧张起来,这样的生日礼物可是太重了。那不是一个玩具,想玩就玩两天,不想玩就不要了。于是,我对他说:"妈妈知道你喜欢钢琴,但钢琴太贵,妈妈和爸爸要存够钱才买得起,半年后我们再去买,好吗?"我想用半年的时间,来看他是否能够坚持对钢琴的热爱。根儿答应了。我以为半年后他会忘记这件事。

5岁生日前,根儿问:"妈妈,我们家有很多钱了吗?"

我:"你要很多钱做什么?"

根儿:"我想知道我买钢琴的钱够了没有。"天啊!他居然没有忘记钢琴!

我:"我和爸爸数一下钱再告诉你,好吗?"

于是,我和孟爸商量之后,决定满足他的愿望。根儿在5岁生日的时候,得到了他梦寐以求的钢琴!

买回钢琴那天,根儿欢天喜地,满眼都是对钢琴的喜爱。我当时认为学钢琴是非常艰苦的一件事情,一旦开始就不可以放弃,于是就很认真地对根儿说:"学习钢琴是一件很艰苦的事情,既然我们已经开始了,再苦也要坚持下来!"根儿看着我的眼睛,认真地点头答应。

现在我才知道,当初我的想法和对根儿所说的这些话,完全是错误的!

音乐和其他艺术一样,是人类用来表达灵魂的一种方式,是人类最高级的精神享受。在根儿满眼欢喜地抚摸着钢琴时,我应该顺应着他对音乐的热爱,告诉他:"宝贝儿,用这架钢琴为自己弹奏吧,你可以弹出自己最喜欢的音乐!"

从学习五线谱起步，根儿开始了钢琴的学习。他对音乐的热爱让他每天都认真练习，有一段时间，根儿让我给他买回五线谱作业本，自己谱曲后在钢琴上演奏，他创作的小曲虽然很短，他自己却每天沉浸其中，乐此不疲！根儿的特质就是这样，一旦喜欢上什么就会让自己全身心投入其中，我和孟爸没有对他的谱曲品头论足，我们觉得只要他玩得高兴就行。

学琴的规则

在根儿学琴的早期，我就立下了一些规则，这些规则能够帮助根儿独立完成每天的练习。

规则一：对自己学琴负责任。根儿需要独立学会老师所教的内容，对自己的学琴负起责任。我只是负责陪伴，不学习课程内容。一些琴童的父母在老师的要求下，每次都要与孩子一起学习课堂内容，这让孩子在课堂上松懈，回家后依赖母亲，养成了对自己学琴不负责任的习气。

规则二：根儿每天练琴不限定时间，而是限定每一曲的练习次数。每周老师布置的新内容，每一曲都必须要认真练习五遍；上周遗留的旧曲子，每一曲认真弹三遍。完成了任务之后，当天的练琴就结束了。完成这些任务的时间一般在40分钟左右。这样的方式让根儿非常明确自己的任务，不会拖延时间。我们的经验是，每天只要坚持完成这些任务，根儿的回课就会非常棒，经常获得老师的表扬。一些父母为孩子练琴设定时间，比如，每天练琴一小时。结果，孩子对自己的任务目标不明确，更不愿意在这一小时内苦练，于是就开始磨磨蹭蹭，一会要上洗手间，一会要喝水，一会要吃小零食，孩子认为磨完这一小时，练琴就结束；父母看到孩子磨蹭，就会不断催促，父母越是催促孩子越是磨蹭，形成了恶性循环。

规则三：我必须陪着根儿练琴，以保证他练琴的质量。在孩子学琴的早期，由于自制力尚未发展完善，父母的陪伴非常重要。在陪伴中，可以帮助孩子养成认真练琴的好习惯，还可以将老师提出的意见传递给孩子，督促孩子修正不足之处。一些父母让孩子独自练琴，自己去做别的事情，或者为孩子请陪练，这样一来，父母对孩子学琴的状况不了解，也失去了一个与孩子沟通和交流学琴状况的机会。

规则四：每天练琴开始的时间要相对固定。根儿是每天晚上7点开始，周末和节假日因为要外出游玩，所以是上午练琴。相对固定的时间让大人和孩子对日常生活的安排有计划。

规则五：用进网吧奖励根儿回课。根儿学期钢琴期间，对电脑游戏产生了极大的兴趣，我们在周末将他送进网吧学习玩游戏，这让他非常高兴。我便利用根儿对电脑游戏的喜爱，作为刺激他学好钢琴的诱饵。我告诉他："每个周六到老师那里回钢琴课，如果钢琴老师满意，周六晚上就可以到网吧玩一个小时。"为此，他每天从幼儿园回到家后就主动练琴，每次高质量的回课都得到老师的表扬，还将他作为同伴的榜样。这样，既满足了他对游戏的兴趣，还使他的钢琴学习异常顺利，两全其美！

规则六：坚持渡过难关。在学琴的过程中总会遇到技术性的难关，根儿会因为自己不能够回课而难受，他会一边弹琴一边流眼泪。此时，我总是会鼓励他坚持下来，练习一周还不能回课我们就练习两周，两周不行我们就三周……还记得我当时对他说："学习钢琴是你自己做出的决定，妈妈当时告诉过你，学习钢琴很难，你保证过要学好的，只要坚持，你就能够过关！"每一次挺过难关，根儿的技艺就会有明显的长进，克服困难的信心也越来越足，他的意志力越来越坚强。

对于根儿学习钢琴，我们最初的期望是他能够用音乐来丰富自己的生活，多一份文化的修养。对于理性思维较强的根儿，音乐与艺术能够帮助他获得更多感性的发展，让他的生命更加丰满。我们没有将学习钢琴的目标功利地绑定在考级和升学加分之上，这让根儿学琴目的更加单纯。

在根儿学习钢琴的过程中，学琴给根儿带来的意志力的锻炼、手脑协

调功能的发展、音乐感知能力的培养……让我感到了欣慰，但是，我们从来不知道音乐是为了表达灵魂而存在。这样的无知让我犯下了不可饶恕的错误——摧毁了根儿对音乐的天赋和热情！

音乐天赋的破坏

现在我才明白，从根儿学习钢琴开始，我对他的音乐热情和天赋的破坏也就开始了。自己认为当初"是为了他好的"那些语言和行为，深深地伤害了根儿对音乐的热爱。我一直认为破坏孩子的天赋是对人类的犯罪，我不知道该如何来弥补自己的过失，只有把我曾经犯过的错误写出来，让更多的父母不要再犯相同的错误。也许这样能够减轻一点我内心的愧疚！

音乐的快乐印上了我凶巴巴的模样

刚开始学习五线谱时，老师要求每天练习。虽然我告诉根儿，每天晚上7点开始练琴，每首曲子练习五遍。但是，根儿还没有建构起练琴的规律，到了晚上7点，常常忘记要练习唱谱。我连续提醒了他几次后，他依然会不记得准时唱谱。有一天，根儿到了该练琴的时间，却还在继续自己的工作。我决定教训他，拿了一根筷子，恶狠狠地对根儿吼道："为什么到7点你还不去练习！"孟爸见我要打根儿，立即上前准备阻拦。根儿没有想到我因为他练习唱谱而变得如此凶恶，吓得赶快开始了练习。在我连续几次以这种凶恶态度对待他后，根儿开始记得准时练琴了。当时我还得意洋洋地想："看，棍棒底下见效果！"我现在才知道当时的做法是何等粗暴和愚蠢，根儿对音乐的美好感受自此印上了我凶巴巴的样子，他唱谱时的快乐感受已经开始打折了。

如果当时我懂得保护根儿的热情，我会用一种温柔的方式来帮助他建构练习的规则。如果时光能够倒回15年前，在每天下午6点50的时候，我会提醒根儿："儿子，准备好了吗，我们一起来唱谱（练琴）！"其实，只要有足够的时间，每天坚持下来，根儿一样会养成准时练习的习惯，而这样的方式不会让根儿练琴的快乐打折！

音乐的快乐被恐吓破坏

开始学琴时，根儿的老师住在离昆明市区十公里的安宁市，那个年代我们还没有私家汽车，每个周末都要坐公共汽车到何老师家里去上课，每次来回要花费我们一个下午的时间。

根儿第一次到何老师家里回课时，布置的五段唱谱作业，根儿有一段没有通过，需要重新练习。根儿愉快地接受了新的作业，高高兴兴地完成了第一次回课。然而，我却因为根儿的一个作业没有被老师通过，内心对他极其不满，不能接受这样的事实。

从何老师家里出来后，我就一脸不高兴，反复数落根儿："你不好好练习才没有通过啊！回家要认真练习了，下次争取全部通过哈！"根儿蹦蹦跳跳着，愉快地答应着我。见他没有痛悔的表现，我再次狠狠地告诫他："如果下次不通过，我就不让你吃饭，我和爸爸就不要你了，让你像那些大街上捡垃圾的人一样，当叫花子去！"根儿的笑容消失了，他惊恐不解地看着我，不明白为什么我会变成这般！看到根儿不再快乐地蹦跳，我才满足地闭嘴了。遗憾的是，孟爸当时没有注意到我的情绪和语言，没有及时地阻止我犯错。

每一个学琴的孩子都会有没被老师通过的作业，这是学琴过程中非常正常的事情，为什么我不能够接纳根儿的一次小小的"失败"？一如我当年一次小小的考试失误没被父母接纳一样，我明白了自己犯错的同时，也明白了这次语言暴力给根儿带来的阴影——音乐带给他的不再是快乐，而是恐惧，是被父母抛弃的危险！如果时光倒回15年前，我会平静地告诉根儿："下次我们认真练习，就会通过了！"然后和根儿一起快乐地到公交站，坐上公共汽车回家。

音乐的快乐被考级捆绑

21世纪初，钢琴少年李云迪和郎朗的成就被媒体炒得沸沸扬扬。我对根儿学习钢琴的初衷被动摇了，与很多父母一样，我也希望根儿能弹出点名堂来，像那些功成名就的钢琴少年一样，成为人们羡慕的对象。在学习了一年的钢琴后，由于根儿的进步很大，老师也提出可以让他考级，这正合我的心意。于是，根儿开始了长达半年的考级练习。

在这半年的练习中，根儿只弹考级的曲目，放弃了学习的进度，每天反复的练习和对细节的强调，让根儿开始有些反感，而他却依然坚持着。现在我才明白，这是根儿的无助，他无法抗拒我们的安排，而并非他的毅力。更让根儿无助的是，我们为了让他能够在晚上接受老师的考级辅导，将他送到安宁的亲戚家里住了一周，在此之前完全没有给根儿做任何心理准备，也没有告诉他只是在亲戚家里住一周，就让他离开了我们。在我们当时看来，不需要给孩子讲这么多，只要他接受我们的安排就是了。

根儿18岁的时候，我和他谈到了远离昆明在外地上学的感受，根儿告诉我："在成都和深圳上学有你陪我，我不觉得有什么。我印象最深的是你们把我送到安宁的那一次，我很担心再也见不到你和爸爸，那一个星期是我最难过的日子！"根儿的话让我十分震惊！13年的时间，根儿的心依旧有伤。13年里，我们却从不知晓。音乐给根儿带来的快乐被我们一次又一次地从他的心里驱走，快乐越来越少，而痛苦却不断增加！

经过半年的练习，在根儿6岁半时，通过了钢琴三级的考试。记得考级的那一天，因为根儿坐不上琴凳，我们特意带了一个小板凳，让他考试的时候用作台阶。考试前，老师反复告诉他："进到考场后要给评委老师鞠躬，否则要被扣分，这是礼节。然后再坐到琴凳上，等呼吸平稳后就开始弹琴。"等根儿考试出来，我问他是否给评委行礼。他告诉我："我才进去，有个老师来带我进考场,我就给他鞠躬了。"我们知道他一定被扣礼节分了。孟爸宽慰他:"没有关系的,只要鞠过躬就行了。"

这次考级后,我们再也没有参加过任何考级。我认为考级虽然能够帮助根儿在技巧上进步一点点,但是,弊处却大大多于利处。根儿过度地练习考级曲目,不仅伤了他对音乐的兴趣,还浪费了他大量的时间,这不是我让根儿学习音乐的初衷。

音乐的快乐被暴力撕裂

受传统方式教养长大的我,曾经错误地认为对孩子要"严格要求"才会"成才",现在我才明白,爱与宽容才能够激发根儿对音乐的持续热爱。

根儿上小学四年级那年,因为假期里我们四处游玩,暑期的钢琴作业没有完成。开学后,根儿有一首曲子连续几周都不过关,加上工作压力非常大,我的情绪开始失控。在我陪根儿练琴的时候,从来没有为他练琴而动粗的我采用了极端的方式。那一天,我们俩在学校的琴房里练习,在根儿练习那首曲子的时候,每弹错一个音符,我就打他的手,想让他用疼痛来记住正确弹奏,我还一边喋喋不休地数落他:"你知道学琴的费用很贵吗?!你这首曲子老不过关,得花掉多少钱啊,你知道吗?!"可怜的根儿被我的粗暴吓坏了,在紧张中更是错误百出。终于,他忍不住流着眼泪对我大声叫道:"你以为我感觉不到痛啊?!你没有被别人打过吗?!"这是根儿第一次捍卫自己的权利。我生气地大声说:"我不要你了,我不再是你的妈妈了!你去找别人当妈妈好了!!"然后我离开了琴房去工作,不再理睬他。当时我们在成都,可怜的根儿见不到爸爸,被我抛弃之后不知道他能够去找谁安慰。

很快,我有了心痛的感觉,也意识到我犯下的错误,我立即在学校里四处寻找根儿,我担心他因此出现意外。终于看到根儿出现在我的眼前,正好向我的方向走来,我迎了过去。至今我不能够忘记他当时眼神里流露出来的神情——妈妈没有抛弃我！我们俩伸出了手给对方，我问："你吃饭了吗？"根儿点头。我继续："妈妈不会不要你的，你是我和爸爸的宝贝，我们可只有你一个宝贝啊！"根儿依然不说话。我知道这次我伤了他的心，我说："这首曲子我们不再弹了，让老师换一首，好吗？"他点头表示了同意。在养育根儿18年中，这是我第二次说"妈妈不要你了"，这句话让根儿认为弹不好钢琴就会被妈妈抛弃，妈妈爱他的钢琴技术胜过他自己，这对一个10岁的孩子来说是多么恐怖！根儿当时受到的伤害让我至今都心痛，这种心痛的感觉总是难以释怀！

曾经看过一篇文章，一位母亲在双目失明的儿子练习钢琴时，总是将手温柔地轻抚孩子的头，传递她对孩子的爱。有一天，孩子在音乐会上表演后，一位听众对这位母亲说："他的琴声听起来像一只温柔的手，在轻轻抚摸我的头！"我恍然大悟！如果我在儿子5岁的时候就看到这篇文章，或许，我会换一种方式陪儿子练琴，不是监督，不是呵斥，不是打骂，不是冷冰冰的技术要求，而是给孩子以温情、宽容、鼓励和爱来陪伴他练琴，用温柔的目光轻抚他的心，帮助他找到音乐与灵魂碰撞的火花，他的琴声就会永远充满爱与激情。

我在不断犯下错误的同时，也在不断地修正自己。养育根儿的过程让我的人性渐渐变得丰满，懂得了什么才是对孩子真正的爱。一个周末的时光，我坐在沙发上，14岁的根儿靠了过来，将他的头枕在我腿上和我聊天。他喜欢这样和我聊天。此时此刻我想起那篇文章，我也用手轻轻抚摸他的头，根儿非常享受我的"头部按摩"聊天方式。聊天结束时，我请他为我弹奏一曲。根儿欣然同意，深情地弹起了柴可夫斯基的《六月》，根儿知道这是我最喜欢的一首曲子。后来他又弹了好几曲，曲曲充满感情，犹如一双温柔的手抚摸我的心，令我好生感动！学琴八年来，这是第一次我们用音乐沟通了彼此的心灵！

音乐的快乐被技术至上的训练终结

当音乐被简化为技巧，被功利化，便失去了其应有的灵性，也让原本热爱音乐的孩子对音乐丧失了热情。然而，当初我并不明白这个道理，错误地认为学习钢琴是学习一门技艺，拥有高超的弹奏技术才能够弹出高难度和高水平的曲子。我和钢琴老师将根儿对音乐的热爱变成了他每天必须完成的技术任务。如今，在家里，根儿当年弹琴的位置，墙上依然贴着我用粗粗的黑笔写下的"手不能滑，弹黑键要有力，节奏要准确"，贴了十多年的纸张已经泛黄，当年放置钢琴的位置现在放着我的工作台，每天我都能看到这三排黑字。当年对根儿的要求，现在变成了我对自己的反思。

根儿的钢琴老师在给他上课时，每一首曲子的重点都放在了指法和节奏上。老师们像工匠一般要求根儿的指法、节奏、音准等技巧，这些干巴巴的技术成为他们的教学目标；贝多芬、巴赫、柴可夫斯基等大师们的作品被根儿反复弹奏，然而，老师们从未给根儿讲过他们的故事，从来不讲解一首曲子被写成的背景，这首曲子所要表达的意境和作曲者的内心世界，也从来不与根儿交流自己对这首曲子的感受，更不会问根儿在弹奏这首曲子时的情感；在练习曲子的时候，也不会教导根儿如何用演奏来表达出音乐本身的意境……这一切都告诉我们，老师对根儿的音乐文化教育基本为零，老师引领根儿让音乐与心灵交汇基本为零，老师与根儿的情感交流基本为零！由此，音乐承载的艺术性和人文教育在根儿的课堂没有呈现，音乐教育被简化成了技术操作过程，失去了人文和艺术的底蕴，根儿从手指而不是从心底流淌出来的音乐便失去了灵魂。只有内心与艺术融为一体的人才能真正享受艺术，才能成为表达艺术的大师。

当年，我满怀期望地把充满音乐激情的根儿带到这些老师面前，以为他们懂得根儿，以为他们能够让根儿从钢琴学习中获得精神的滋养，以为他们能够让根儿具备一定的艺术修养，现在我才知道，不是他们无心做好，而是他们不具备引领根儿的素养。他们曾经所接受的音乐教育也是缺乏了底蕴的培养，只有技艺的训练，所以，他们难以胜任培养之责，能够实施的仅仅是对孩子技能的训练。

在日复一日的技术作业中，根儿无法享受音乐带来的快乐，更无法体验音乐与灵魂的交汇，对音乐的激情被慢慢磨蚀殆尽。现在我才明白，钢琴练习中的指法、节律、音准等技术应该为音乐与人的灵魂沟通服务，只有通过弹奏钢琴来表达自己时，根儿的灵魂才能够与钢琴合二为一，成为一个整体。这才是我们学习艺术的真正目的。当艺术失去了灵魂的表达，只剩下技术的躯壳时，我们的弹奏也只是在呈现艺术的躯壳罢了。

在根儿学习钢琴多年之后，我终于明白了这一点。这些年来，我与老师联手摧毁着根儿对音乐的热爱。看到他弹琴时无神的眼睛，我能够感觉到他的内心完全与音乐分离，失去了对音乐的激情，他只是在完成技术工作，并没有从弹琴中获得音乐带来的精神享受。这不是他5岁时渴望得到的音乐。此时，我才开始告诉根儿，音乐可以表达你的情感，弹琴是为了让你快乐！如果感觉不到快乐，弹琴就失去了意义。然而，我深深地知道，我的这些话说得太晚了，太晚了！如果在根儿5岁的时候，我就明白这些道理，像对待他的厨艺天赋那样来对待他的音乐激情，现在，他弹奏钢琴时的眼神一定也会像他做厨艺时的眼神一样，散发着发自灵魂深处的热爱！

今天，孩子们学习音乐、美术、舞蹈、书法等兴趣爱好有了更好的条件，希望父母们不要重蹈我无知的覆辙，破坏了上天赋予孩子的激情和热爱，功利地把孩子的天赋当作培养孩子"成才"的阶梯。父母的天职是保护好孩子天赋的激情和兴趣，孩子就能顺应自己的内心，坚持自己的热情和追求。天赋，只有在孩子的激情和热爱中才能不断发展、升华。

然而，现今仍有很多父母在重复着我当年的错误。他们对孩子的破坏甚至更为严重，导致了孩子不能够正常生活。

一位朋友告诉我，一个12岁的女孩因为被父母逼迫学习钢琴，导致了精神分裂,现在无法上学,整天待在家里不出门,害怕见陌生人,不时傻笑或哭闹。朋友感叹:"本来她是一个聪明漂亮的女孩,被她的爸爸妈妈弄成了这样!"

这个女孩的父母是在深圳工作的高级白领,他们对女儿的培养目标是像李云迪一样成为一名钢琴家。他们为女儿聘请了当地最好的钢琴老师,从6岁起开始学习弹钢琴。从此,女孩的苦难便开始了。每天放学后,女孩不准与同学玩,要立即回家练琴,女孩的课余时间几乎都在练琴中度过。父母严厉地监督,让女孩没有喘息的机会。本来喜欢弹琴的女孩开始抵触,她不再喜欢钢琴,她需要朋友,需要父母的温情而不是监视,需要真正的童年。她越来越不快乐,渐渐地,两眼呆滞,行为也越来越幼稚,甚至将大小便解在裤子里……六年的精神摧残之后,父母将无法正常生活的孩子带到医院进行检查,医生告诉他们孩子已经出现了精神分裂。

父母当初的做法一定是为了孩子。我们常常听到父母说:"我这样做都是为你好,将来你会明白我的苦心啊……"无论父母当初的意愿如何,如果父母不懂得孩子,把孩子当成实现自己心愿的工具,这将是孩子的灾难!

钢琴老师

由于当初不懂得学习音乐的本质是什么,所以也不知道识别钢琴老师的优劣。随着我对音乐学习的思考和觉醒,也为根儿换了好几个老师,直到根儿学琴的第六年,我们遇上从德国学习钢琴多年后回国的罗老师。

第一次与罗老师见面,我和她交流了根儿学琴的目标:"我们不考级,重要的是引领根儿对音乐的感受力以及音乐的人文教育,每次布置的作业不要太多,少而精的作业可能更适合他。"罗老师感叹着:"现在像你这样的家长太少见了!几乎每个家长送孩子来我这里,都提出要尽快参加考级,他们偏离了孩子学习音乐的方向,而我却无法说服这些家长!"

罗老师的教学能够让我们感受到音乐的文化。记得罗老师在教根儿弹奏柴可夫斯基的《六月》时，她先给根儿讲述了柴可夫斯基的生平及其在写《六月》这首曲目的时代背景和个人背景，然后，罗老师用深情的话语描绘着俄罗斯如诗如画一般的六月："俄罗斯的六月，春天刚刚来到，小树发着嫩嫩的绿芽，河岸的两边开着各色鲜花，一只小船在河的中央慢慢地游荡着，船上坐着美丽的姑娘们，她们穿着漂亮的裙子，春风吹拂着姑娘们的头发和裙子，她们是那么快乐，春天温暖和煦的阳光洒在她们的脸上，小伙子们在划船，和姑娘们在谈笑着，他们享受着六月的温暖和美丽……"罗老师一边讲，一边动情地弹奏起《六月》。罗老师给我们描绘的画面和她弹奏的音乐交融在一起，让我们进入了如梦如幻的音乐世界。罗老师完整地弹奏了《六月》之后，才开始教根儿。

跟随罗老师学习后，根儿在演奏技巧以及对音乐的感受力和表现能力方面都有了明显提升，他对钢琴的热爱开始有了升温。当时，根儿对十级曲目的演奏水平已经很高，小学音乐老师常常让他在班级和学校演奏钢琴。有一天，他和我聊到了根儿："你的儿子现在的钢琴老师是谁啊，我发现他这两年的水平进步太大了，我感觉这个老师很不一般。"我与他交流了罗老师的教学方法后，他说："难怪你儿子的水平提升这么快！"

遗憾的是，两年后罗老师离开了中国。罗老师离开前，为根儿介绍了一位在国际大赛中获过奖的钢琴老师，但她对根儿的教学依然是只有冷冰冰的技巧，没有人文和艺术的熏陶。学习了4个月之后，根儿不愿意跟随她学习，就此，我们再也没有找过其他老师。根儿放弃了已经学习了8年的钢琴，那一年他14岁。在短短的两年中，罗老师开启了根儿音乐与灵魂的交汇之门，我不想这扇透着灵光的门关闭在后来的钢琴老师手上！

罗老师曾经对根儿进行过测试，她认为根儿拥有音乐天赋。"十万个孩子中只有一个具备这样的天赋"，她这样对我说。远在奥地利的罗老师得知根儿放弃学琴后，感到遗憾。她想让根儿继续学习钢琴，提出每周用视频对根儿进行一次教学，而且不收我们的费用。我婉拒了罗老师的好意。根儿初中毕业离开成都到深圳读高中时，我们卖掉了心爱的钢琴。至今，这仍然是我的心痛之处。

在为根儿寻找钢琴老师的过程中，我总结了几个经验与读者分享：

经验之一，不要盲目相信音乐学院的老师能够教好孩子弹钢琴。我们刚转学到成都时，朋友给我们介绍了一个四川音乐学院的教授，教授的年纪已经50开外，我盲目地认为音乐学院的教授肯定能教孩子弹钢琴。第一次给根儿上课，他教根儿弹梁祝，一直上到了第三次课，我也没有见到他为根儿示范所教的内容。根据我的经验，老师一般要为孩子示范新学的内容，于是我开始怀疑他的水平。第四节课时，我提出让他给根儿示范全曲的演奏，他根本无法完成。我的怀疑得到了证实。后来我了解到，他的专业是作曲，而不是钢琴。对于钢琴教学，他更是一个外行。我立即与他解约了。

经验之二，对于热衷让孩子考级的老师要谨慎选择。一些老师的钢琴水平不高，他们擅长的就是那几首考级的曲子，所以他们非常热衷于让孩子考级，每天让孩子练习考级的曲目，然后获得考级证书。这种老师的做法迎合了家长功利的心理，却让孩子失去了音乐学习的根本。一个男孩学习葫芦丝5年，这5年中他只学会了考级的十多首曲子；除了会表演考级的曲子，其他的葫芦丝曲子一概不会表演。现在，这个男孩已经考取了葫芦丝的最高级别，但却不具备自学其他曲子的能力。

经验之三，对孩子没有亲和力的老师要谨慎选择。根儿5岁时，朋友为我们介绍了一个钢琴老师，这位男性老师40岁左右。记得我带着根儿第一次到他的家里，我们在交流时，根儿一个人跑到了琴房，琴房的门开着，正好对着客厅，我们能够看到琴房里漂亮的钢琴。根儿非常喜欢老师的钢琴，忍不住用手摸了一下。老师看到后立即生硬地对根儿大声叫道："出来出来，不要摸钢琴，不要摸！不要在房间里乱动！"根儿吓得立即躲进了我的怀里。

看到他这样对待一个5岁的孩子，我当即打消了请他做老师的念头。我认为，不论老师的技术有多高，没有对孩子的一种温暖情怀，就不能够做孩子的老师。

　　经验之四：师范类学校毕业的老师要谨慎选择。根儿小学一年级时，因为一直教根儿的老师有事情，需要停工半年之后才能够继续教根儿，我们就临时请了根儿当时小学的音乐老师。这位音乐老师毕业于师范院校，在教根儿的过程中，我发现她无法按照根儿的学习进度进行教学，稍微难一点的曲子她就无法示范，对于巴赫的曲子她更是没有办法教。为了回避自己的弱势，她给根儿练习的曲子全是非常简单的儿歌。发现这一点之后，我解除了与她的合约。在选择老师的时候，选择钢琴专业的老师教孩子，或许能够让孩子少走弯路。

　　经验之五：过分强调指法的老师要谨慎选择。根儿跟着第一个老师学习钢琴已经具备了一定的指法和基础。当第一个老师停工半年期间，我们还给根儿找了一个老师，这位老师接手根儿的钢琴教学后，一味地强调指法，每天都练习指法，没有沿着根儿已经具备的能力进行教学。她对指法的过度强调让根儿的手指反而变得僵硬，同时，根儿的学习进度没有建立在第一位老师的基础上。我观察到这位老师对巴赫的曲子和难度有些大的曲子无法流利地进行示范，这或许是她过度强调指法来回避她水平缺陷的原因。一个月之后我与她解除了合约。

　　经验之六：不要盲目相信国际比赛中的获奖者。获奖者演奏水平不可否认，但他们未必能够懂得引领孩子用音乐表达灵魂，未必能够懂得音乐教育是怎么一回事情。罗老师离开中国时为我们介绍的那位获奖者，在教根儿的4个月中，除了指法还是指法。我曾经与她交流过对根儿的音乐学习目标，她似乎根本没有听明白我在说什么，而她的先生却听懂了我的意图，呼应着我对艺术学习的感悟，为他的妻子建议对根儿的教学方式："你要给根儿讲解音乐的文化，帮助他理解曲子的背景，还要讲作曲家的故事……"然而，她没有任何回应，依然僵硬地对根儿实施枯燥的指法练习。我只好请罗老师出面与她深入沟通，罗老师向她介绍了根儿的特点，希望她也能够保护根儿对音乐的热情，但是，这位获奖者却无动于衷。4个月后，我们解除了合约。

如果时光能够倒回，我不会把热爱音乐的根儿轻易地交给一位只有技艺而没有音乐文化底蕴的老师。如果找不到懂得引领孩子进入音乐殿堂的老师，我宁愿让钢琴成为他的大玩具，他想怎么弹就怎么弹，从这个大玩具上获得快乐才是最重要的。至少，这样的快乐能够保护着他的天赋和热情。同时，我还需要做的就是补充自己的艺术修养，给根儿讲音乐家的故事，为根儿放他们的音乐，除了钢琴的音乐，我还会给根儿听其他乐器的音乐，带根儿听音乐会……这是陶冶的过程。我认为，孩子早期的音乐熏陶比学指法更重要。

当根儿对音乐文化的积淀达到一定程度时，我希望在他10岁的时候，不为其他，只为自己想用音乐来表达心灵而弹琴。指法过得去就可以，他每天的琴声都会流淌在他的内心，我能够看到他眼里为音乐而发出的光，能够听到他内心为音乐而发出的声音，这样的境界才是根儿和我学琴的初衷！

音乐应该是从手指流淌还是从内心流淌？这些问题在父母让孩子开始学习音乐（音乐、舞蹈、美术等）之前就应该想清楚，想清楚后父母才知道要给孩子找什么样的老师，父母才知道什么样的老师才是开启孩子灵魂的导师。

这是一位母亲给我的来信：

我的孩子5岁，很喜欢音乐，我就给他报了音乐电子琴培训班。我陪他一起去上课，第一节课我就很失望，老师在课堂里全部用分数来控制孩子，每当孩子的表现符合了老师的意志，老师就给孩子加分。课堂里一共有8个孩子,孩子们都争着要老师给分,他们都在喊:"老师我答对咋还不给我加分?"我们已经坚持上了5节课,儿子觉得课堂太吵,不愿意去了。胡老师,您觉得我们还需要坚持上下去吗?

在这样的音乐课堂里,老师用分数来控制孩子,却不懂得用音乐来吸引孩子,这样的音乐课已经失去了音乐的灵魂,重新为孩子找一位真正懂音乐教学的老师吧。如果找不到好的音乐老师时,可以在家里给孩子听一些世界音乐大师的作品,带着孩子参加音乐会;父母还可以去听一些音乐作品赏析课,提高自身的音乐修养,在家里营造好的音乐氛围。这样起码可以保护孩子的音乐天赋和对音乐的喜爱。

对孩子人格建构的破坏

暴力伤害了孩子的尊严

根儿上小学一年级的学期末，我去参加家长会，在老师发下来的成绩单上，我看到根儿的美术成绩是及格等级。当时我觉得是老师搞错了，根儿每次在家里完成的美术作业都不错，怎么可能才是及格等级呢？家长会结束后，我找到美术老师询问。老师查看了成绩记录后告诉我，根儿有四次作业没有上交，所以成绩被严重扣分。

我生气地回到家里，所有的怒火都朝向了根儿，对他怒吼："为什么你不完成作业？"根儿被我的愤怒吓坏了，惊恐万分地看着我，开始哭泣。他不知道如何为自己申辩。我开始沿袭传统的教育思维：不交作业是个特大的坏习惯，一定要狠狠地教训他，让他今后不敢再不交作业！我继续大声吼叫："趴在床上，我要狠狠地打你的屁股！"根儿无助地哭着，被我狠狠打了屁股。我还不解恨："你给我跪下！我要让你永远记住你的错误！"天啊，我当时是多么的愚蠢，用暴力和伤害根儿尊严的方式来教育他认真对待作业，这是多么得不偿失的坏方式！

等我的气消停之后，我让根儿说明他四次没有交作业的原因。根儿哭着从书包里拿出了四张图画："呜呜呜呜，妈妈，我做完了这四次作业的，都画好了，只是我不知道要交给老师，呜呜呜……"我当即明白自己错了，心痛的感觉漫延全身，这才意识到根儿不是有意不交作业。他每一次作业都认真完成了，当交作业的时间过了之后，他便不知道该把作业交给谁，老师也没有来问过他为什么没有交作业，也没有问他是否完成了作业，只是在作业堆里没有发现根儿的作业，就给根儿记上了过，然后在他的成绩上扣分。

我抱起了根儿，安慰着他，然而我却不能够原谅自己。如果我不用惯性思维来对待根儿，而是相信一贯认真踏实的根儿不交作业定有原因，心平气和地让他说明情况，我就不会做出暴打根儿和让他下跪这样的蠢事。

第二天，我带着根儿的作业找到美术老师，说明了根儿没有按时交作业的情况。老师也认为自己没有找根儿询问情况是失误，他纠正了根儿的美术成绩。看到根儿被更正了的美术成绩，我没有喜悦，开始反思我为什么要那样对待自己的宝贝。当初的愤怒或许来自太看重根儿的成绩，把孩子的成绩看成了自己的脸面，导致我犯下大错！作为父母，我们可以对孩子的成绩百般重视，但却不可以让孩子的成绩占据我们全部的心灵，否则，我们就无法用心感受孩子。

那天晚上孟爸也在家里，对于根儿不交作业，他也不知道该怎么教育，也被我的愤怒蒙蔽了双眼，居然眼睁睁地看着我犯下如此大错，没有进行一丝阻拦。而且，孟爸在一次与根儿的冲突中，也学着我的做法，让根儿下跪，那时根儿10岁，抗争不过孟爸的力量而屈服了。在电话中孟爸和我讲述经过时，我让他不要再做让孩子下跪的事情，我曾经做错了的事情，现在我们不要再犯同样的错误。当时我在成都出差，如果我在家里，第二次让根儿下跪的事情就不会发生。

这是我和孟爸犯下的最严重的错误。虽然以后再也没有发生过这样的错误，但根儿当初下跪的身影和哭声却让我难以释怀，成为我内心永远的愧疚。古话说"男儿膝下有黄金"，这里的黄金，我理解为人的尊严——这是一个人精神的脊梁。如果一个人的尊严被毁，精神将成为一个残疾体，精神残疾的人永远不可能有高贵的心灵和情感。让年幼的根儿下跪，等于我在摧毁他的尊严，伤及他的精神脊梁。这是魔鬼才会做出来的事情。可以想象，当时的我们在根儿的眼里，是多么的狰狞可怕！

要不要用暴力方式来教育孩子，这个问题曾一度引发争论。我认为，暴力方式是最愚蠢的教育方式。它让孩子屈从（不是真正的服从）；让孩子学会用暴力来解决问题的方式；在暴力的羞辱下，孩子的尊严遭到了践踏。如果父母有足够的智慧，就不会使用暴力来教育孩子。暴力教育方式体现的是父母简单和粗暴的教育素养。

在根儿的成长中，我们也犯过打孩子的错误。虽然我曾经发誓不打根儿，不让根儿经受我从前被打的屈辱，不让根儿遭受暴力，然而，我没有从父辈那儿传承更多的模式来与孩子沟通，旧的模式如同定格在了我的血液里，我努力挣脱，拼命学习和吸收新的教育思想和方法，想把自己变成一个具有教育智慧的好妈妈，可是，旧的模式依然在我教育根儿时如影随形，让我挣扎在新旧模式交替的旋涡中，痛苦地蜕变着。

冷漠封闭了孩子的心灵

根儿6岁时，非常喜欢收集动画中的各种人物模型。这些人物模型个头很小，千姿百态，栩栩如生。根儿收集了近30个模型，用一个小包装着，如同他的宝贝一般，走到哪儿都带着这个小包，一有空就拿出这些人物模型来做游戏，玩得津津有味。

有一年春节，我带根儿到宜昌玩，住在我妹妹家里。根儿带上了近两年精心收集的全部动画人物模型。一天晚上，我们外出吃饭后，坐出租车回家，等我们下车后，出租车已经开远了，根儿才发现装着全部模型的小包忘记在了车上。我生气地呵斥他："为什么不记住拿自己的东西，现在没有办法找回来了，怎么办？！你自己负责吧！"根儿呆呆地看着出租车开走的方向，一脸的茫然和无助，失去了心爱之物的6岁孩子甚至没有了眼泪和哭泣，他没有得到我的一丝安慰，反而只有责备和训斥。现在我才明白，当时的根儿已经悲伤到了极致，所以才会那般平静，而我的冷漠更是让他无处宣泄失去心爱之物的哀伤之情！在这个过程中，我是多么的残忍和无情！

如果时光可以倒流，回到那个夜晚，当根儿失去了心爱之物后，我会抱着他，轻抚他的背，让他伏在我的怀里尽情地痛哭，听他诉说他是多么不舍那些宝贝，他收集宝贝是多么的不容易，他不想失去它们，以后没有了那些宝贝他该如何是好，不知道出租车司机捡到宝贝后，会不会给他的孩子，他的孩子会不会像自己一样爱护这些宝贝……在那个夜晚，我会轻声安慰根儿："妈妈知道你很难过，这些宝贝是你好不容易才攒集下来的，失去那些宝贝妈妈也很难受，出租车司机会好好保护你的宝贝们，他的孩子也会爱这些宝贝的……"我会让根儿一直在我的怀里哭诉，直到他哭累了，直到他在我的怀里睡去……可是，我和根儿都回不到从前了，根儿失去宝贝的哀伤从来没有机会被释放过。我用冷漠在根儿心灵深处划了一道伤痕，也在自己的心灵上划了一道伤痕，至今都无法抹去。这一次的错误行为，让我失去了帮助根儿习得温暖他人心灵的一次契机。

当根儿丢失了物品，他已经难过后悔。他会从失去物品的痛苦中开始总结经验，下一次他一定会记得带好物品，不再丢失。我可以在安抚了他的伤心之后，再提醒他下次注意，这些道理现在看起来很简单也很容易做到，可是，当时的我就是不明白，就是不能够做到最好。我总是关注物品比关注根儿的心灵更多，我总是徘徊在根儿的心门之外，这样的成长缺陷我一直都存在着，深入骨髓，难以完全地修复。

厌烦冻结了孩子主动交流的热情

我喜欢看电影。根儿在10岁前很喜欢与我一起分享电影，因为对电影故事不理解，在看电影的过程中常常对我发问："妈妈，他说这句话是什么意思？""他为什么要打这个人？""他的妈妈为什么哭了？""那个爸爸为什么要生气？"……开始的时候我还能够认真回应他的提问，随着他的思考越来越多，提出的问题也越来越多，我便开始有不耐烦的情绪了，甚至恶狠狠地对他说："不要问了，我想安静地看电影！"根儿不再提问，也不再愿意与我一起看电影了。当时的我却没有意识到这一点。

2006年8月，我认识李跃儿后来到她家里，一同来到李跃儿家的还有一位老师和她9岁的女儿，当晚我们一起看一个故事片，这个故事讲述了一个孩子的成长过程。女孩就像根儿当年一样，一边看电影一边不停地提出问题，她的妈妈也如同我当年一般，不耐烦地回应一两句，甚至不理睬女儿。女儿露出一脸的无助与失望，不再愿意看电影了。这个时候，李跃儿开始给女孩讲电影里发生的故事，耐心地回答女孩提出的问题，女孩开始变得快乐起来。这是李跃儿给我上的"第一课"。

这一幕把我拉回到了从前，看着变得开心起来的女孩，我无心再看电影，想着当年根儿被我拒绝交流后那种被漠视的感受，想着他现在不再愿意与我一起分享电影，后悔自己为什么当初不把与根儿一起看电影当作与他沟通心灵的亲密时间，在沟通交流之中，我可以帮助根儿理解故事内容和人物关系，还可以将自己的价值观传输给他。现在，即使我把肠子都悔青了，我们也再难回到从前了！那个夜晚，在李跃儿的家里，我无法入眠。

之后，我开始有意识地邀请根儿与我一起看电影，但都被他拒绝了，好在我们俩都喜欢美国动画片《猫和老鼠》。每当电视里播放这部动画片，我会放下手边的活儿与根儿一起观看。渐渐地，根儿开始主动邀请我看一些他喜欢的电影，比如憨豆先生系列、皮克斯出品的动画片和卡梅隆导演的影片，每次电影院里上演好影片我们都一起去看。记得《阿凡达》上映期间，我们在昆明王府井影城的IMAX影厅里，连续三天看了三场，美美地享受了这场电影的盛宴。

曾经，我错误的做法切断了这种从故事情节直达艺术、心理、价值观的交流方式，破坏了根儿主动交流的欲望，让他认为自己的主动交流不被他人接纳，阻碍了根儿人际交流能力的发展。如今也难以与根儿再次连接这样的方式了。这种遗憾在我的心里埋下了一个愿望——用电影课的方式来与青少年们交流，希望不久的将来，我能让自己的心愿变成现实。

将孩子置于危险的境地

曾经，我以为让年幼的根儿独自在家，能够培养他的独立性，于是，在他4岁那年，我和孟爸常常把根儿独自留在家里，没有成人照看。幸运的是，根儿没有出现什么意外。如果出现意外，我和孟爸一生都会挣扎在痛苦之中，无法原谅自己。

每天从幼儿园回到家里，根儿都会沉醉在自己的工作中。遇到朋友请我们外出吃饭，根儿非常不乐意和我们一起去餐厅。有一天，不足5岁的根儿对我和孟爸说："你们请客吃饭太浪费时间了，每次吃饭都要说好多话，以后我不会跟你们去了，就把我锁在家里，我自己在家里吃饭，然后玩我的玩具。"后来，我们真的把他锁在家里，反复告诉他不可以给外人开门。为了防止意外，我们又在楼道处加了一道防盗门，即使根儿打开了第一道防盗门，楼道处的防盗门可以让根儿看清他是否认识这个人。母亲从成都打来电话，在与根儿的通话中得知我们把根儿一个人留在家里，很不放心，要求我们改正做法。但是，我和孟爸没有改正。

有一天，我们将根儿独自留在家里。当我们回家后，看到厨房一片狼藉，灶台上甚至出现了孙悟空面具和根儿滑旱冰用的护腕。原来，根儿肚子饿了，见我们还不回家，就自己做了鸡蛋炒饭。因为身高还够不着灶台，根儿搬来了小板凳，自己站在板凳上操作；因为害怕在炒鸡蛋时被热油烫着手和脸，于是戴上了面具和护腕。我们回家时，根儿已经把炒熟了的鸡蛋饭吃下了肚子。当时，看到不满5岁的根儿如此独立，我们对他大加赞扬了一番。

现在我知道，自己当初的做法是错误的。在没有成人的监护下，根儿使用煤气灶点火做饭，还使用了食用油炒鸡蛋，如果当时油瓶翻到在煤气灶上，必然会发生火灾，后果将不堪设想！

在2016年的一个大型教育年会上，一位母亲在宣扬自己的教育理念和方法时，将自己当年让12岁的儿子独自坐火车到另一个城市作为先进经验传授。这样的宣传得到了大会主持的肯定。此类宣传会误导更多的父母漠视未成年人的安全保护，让更多的父母效仿这位母亲，将孩子独立性培养置于孩子安全之上。这是错误的宣传。

在我们的新闻中，经常可以看到幼儿独自被父母等监护人留在家里，幼儿爬上窗台，险象环生，有些幸运的孩子被路人勇敢地救了下来，有些孩子则从窗台上摔下楼失去了生命。当新闻中频频出现这样的报道时，我们只会听到对救人者的赞美，却没有听到媒体呼吁用法律来规范监护人的职责，保护孩子的生命安全。于是，类似救人的英雄越多，说明孩子的生存环境越恶劣，孩子越需要得到更好的保护。

曾经，在我开设的家长会客厅里，家长们会来与我讨论育儿中的困惑。一次，一位老人前来参加，她很纠结对5岁孙子的安全教育。我们的对话如下。

她："如果我要外出一会儿，孩子一个人在家里，坏人来敲门，孩子开门了怎么办？"

我："你为什么要把孩子一个人留在家里呢？"

她："我有时候要去买菜，或者倒垃圾啊。"

我："要么你带上孩子，要么你请一个放心的人陪着孩子，要么你就等家里有人再去做这些事情。有这三个选择，你可以任选其一，但不能够把孩子一个人放在家里。"

她："我们得教孩子不给陌生人开门啊！所以，有一次我就故意离开家，把孩子一个人留在家里，然后我就装成陌生人敲门，孩子居然还是来把门打开了。我反复告诉过他不要给陌生人开门，他怎么就做不到呢？"

我："记住，永远不要让年幼的孩子一个人待在家里。哪怕时间很短，也不可以。否则，一旦出事，后悔莫及啊！"

她："很多人都这样做，也教孩子不给陌生人开门啊！为什么我不可以呢？"

我："你现在知道了为什么不可以把孩子单独放在家里，而别人却还不知道。你先做好自己。如果别人都在做一件错误的事情，你也要跟着一起去做？！"国人喜欢随大流，大众做了什么，自己就应该做什么，而不去思考这些行为是否正确和科学。

国家应该针对监护人建立相关法制，对于监护人有了约束和监督，才能够真正将保护儿童的利益做到实处。在一个成人成为父母之前，就应该对其进行监护人法律法规的教育；当这个人成为父母以后，具备了监护人的责任意识，才能将保护孩子的安全作为自己应尽的职责。现在，很多父母不明白自己是孩子安全的第一责任人，而是要求孩子自我保护（可以教育孩子自我保护，但不可以要求孩子做到自我保护）。父母应该明白，孩子的自我保护能力是有限的；保护孩子安全，不是孩子的职责，是监护人的职责。

来自美国的朋友玉冰告诉我，如果她把未满12岁的两个儿子独自留在家里，按照美国的法律，她可能面临着失去孩子监护权的严重后果。她说："这样的事情万万不能发生，我不想失去孩子！"至今，在我们国家没有这项法律。这意味着很多父母就像我当年一样，可以随意把未满12岁的孩子独自留在家里；即使孩子发生了意外，父母也不用承担任何法律责任。多年来，父母把幼儿独自留在家里，导致孩子出现安全问题的事件不断发生。人们的同情和教导不会让父母警醒，只有严格的法律才能够真正保护儿童的生命安全！

过多的包办替代

对孩子力所能及的事情，父母总是大包大揽，包办替代，这似乎成为我们养育孩子的模式，对其带来的后果我们却茫然不知。在包揽中我们满足了自己的心理需要——为孩子付出爱，却忽视了孩子的心理需要和能力发展需要。

孟爸的幸福

孟爸爱子心切，对根儿深深的爱让他失去了原则。比如，根儿已经坚持自己洗内裤了，孟爸却常常在根儿洗澡的时候表达他的爱心："狗狗（孟爸对根儿的爱称），内裤不用洗了，爸爸来帮你洗哈！"我常常阻止他的行为，让根儿坚持自己洗。但是，每次我们从成都回到昆明，或者从深圳回到昆明，孟爸不知该如何表达对根儿的浓浓爱意，只好在根儿洗澡时把内裤留下。对于我的阻拦，孟爸可怜地说："我就这点幸福，求求你留给我吧！我只想帮他洗内裤！"想到我们在昆明的时间不多，也就由了他们父子。于是，根儿一回到昆明，就会把内裤留给孟爸洗；一离开昆明，一切又恢复正常。

孟爸除了替根儿洗内裤，还替我们削水果。无论是什么水果，孟爸最后都用果盘的形式呈现给我们，苹果、香蕉、橘子、西瓜等都被切成小块，插上了牙签，我们只要随手就能够把大小正好的水果放进嘴里。孟爸幸福地对我们照顾有加，每天我们都很享受孟爸的贴心服务。直到根儿的颞关节出现了问题，我们才明白，从来不张大嘴咬苹果和其他食物的根儿，失去了锻炼颞关节功能的机会，使颞关节功能的发展出现了异常。

根儿的颞关节异常出现在矫正牙齿之后。当时我们认为是矫正牙齿导致的，后来一位妈妈和我谈到她的女儿也存在颞关节问题，但女孩没有矫正过牙齿。这位妈妈告诉我，从北京某医院里的医生那里，她明白了女儿颞关节问题的原因之一：女儿从小没有机会张大嘴咬吃食物，每次吃的食物都被切削得大小合适，孩子根本不需要像我们小时候吃苹果那样，张大嘴巴用力咬下一块，然后嚼碎吞咽，这样的喂养方式导致了女儿的颞关节功能发展出现了问题。现在，很多孩子都被我们这样"精细喂养"，我们却不知道孩子失去的是什么，也不知道我们的行为会给孩子带来机能发展障碍。那些曾经看似原始粗糙的养育方式，或许能够保护我们机体功能的正常发展。

整理衣橱和书桌

在家务方面，我没有要求过根儿整理自己的衣橱和书桌。根儿的书桌很乱，书桌的抽屉里也很乱，都是我在帮他清理；他的衣服洗净晾干后也都是由我收拾和整理。总之，家务劳动都是我一手包办了，这使得根儿没有得到锻炼和帮助。想到根儿是一男孩，也就没有格外要求他整理自己的衣柜和书桌。

有一次在北京，我和李跃儿来到芭学园的一位志愿者老师的宿舍里，这位志愿者是一个18岁的德国男孩，进入他宿舍的一瞬间我惊呆了，想象中18岁男孩的宿舍一定凌乱不堪，说不定还飘着臭袜子的味道，然而，这位德国男孩的宿舍非常整洁干净，房间里飘着淡淡的香水味。他的书桌上只摆放着一台手提电脑，没有一点灰层，连接电脑的电线被缠绕起来整齐地放在电脑旁边；床上的被子叠放整齐，床单被整理得没有一丝皱纹；房间里看不到一件乱放的衣服和鞋袜。我惊叹："这个德国小伙子不一般啊！"李跃儿告诉我："我每次来都这样，不管你什么时间来他的房间，都是干净整洁，一丝不苟！他把自己照顾得很好，营造让自己舒服的环境。"德国男孩刚刚高中毕业，通晓四国语言，但是他既不会说中文，也听不懂中文，就这样来到中国当志愿者，给芭学园的孩子们上课，照顾他们的生活。看到他，我不得不佩服他的父母！

懂得给自己一个干净整洁的舒适环境，才是真正懂得生活的人。每天我们在外奔波劳累，回到干净舒服的家里，才能够享受到环境给我们带来的放松和舒适。直到我看到这个小伙子的房间，才明白我对根儿教育的缺失。那个时候，根儿已经18岁了，长期的习惯已经定型，虽然我还是尽力要求他整理自己的房间和衣橱，但他做不到，我也就放弃了。

在根儿到剑桥大学之前，我只有用言语告诉他：房间要经常整理干净，待在屋里才会舒服；每天的衣服换下后要记得洗，衣柜要收拾整齐，床单和被子每周都要换洗，一定要记得啊！根儿上剑桥大学后，我常常与根儿视频，他把自己料理得还不错，房间也比较整洁。他告诉我，在他们这一栋小楼里，他的房间算是最整洁的了。

走错教室

我和孟爸长期过多的包办代替，导致了根儿解决问题的能力发展明显滞后。根儿在进入深圳国际交流学院（简称"深国交"）后，这个问题开始凸显出来。

开学后的第一周，星期五的下午，根儿给我们打来电话，焦急地告诉我他上英语课的时候走错了教室。因为英语课堂有几个教室，根儿没有弄明白自己应该在哪间教室上课，就在走错了的这间教室里听课，下课后才知道他应该是在另一间教室，由另一位英语老师上课。这样一来，根儿的英语老师可能判定他缺课，而且老师已经将考勤交到学生处。学校规定如果没有在本教室上课，算缺勤。根儿历来非常守规则，这次虽然不是有意违规，但他不知道该如何处理，表现得非常不安。

我告诉他，首先要冷静，你不是有意违规，可以向英语老师和学生处的老师说明情况。现在，你需要做以下几件事情：第一，把实情告诉班主任老师，清楚地说明你是上了课，只是教室走错了；第二，把实情告诉你的英语老师，让他到你上课的英语老师那儿核实情况；第三，到学生处告诉老师实情，请学生处的老师进行调查，然后修正你的考勤。根儿说："妈妈，我打电话给你是想让你帮助我，与我一起来处理这件事情，你也给班主任老师打电话，我也去找老师谈。"我答应了他，并安慰他："儿子，不要着急，新生出现这样的情况是非常正常的，老师会理解你的。"

周五下午，学校已经放假。我立即打电话给班主任刘老师说明情况，刘老师马上回到学校，找到根儿并告诉他："发生这样的情况不用紧张，新生出现这样的情况学校会原谅的。每一个新学年开始，都会有新生出现这类情况。"我告诉刘老师："一定要让根屹自己到学生处向学生处的老师说明情况，刘老师不要替代他，我希望通过这件事情锻炼根屹的勇气和能力。"刘老师表示理解，他鼓励根屹到学生处找老师说明情况。半小时过去了，根儿打来电话，轻松地告诉我："妈妈，下周一我会到学生处去处理这事，你不用担心了。"

这样的事情如果发生在另一个孩子身上，可能根本不需要父母的帮助就能够解决问题，然而，根儿却需要我们的帮助和支持。这与孩子的特质有关，也与我们曾经剥夺了根儿独立解决问题能力的机会有关。当我意识到这一点后，我只有尽力弥补我与孟爸曾经的过失。

不懂得用心灵倾听孩子

"妈妈,我没有嫌家穷!"

根儿在成都读初中时,一次国庆节,孟爸来成都和我们团聚。我们约好午餐后一起到王府井影城看电影,然后吃大餐,愉快地度过节日中的一天。

午餐的时候,根儿说起了家境优越的同学:"我问我同桌家里的汽车是什么品牌。同桌说:'我们家有七辆车,你问的是哪一辆?'他家里还有别墅和立体停车场。他们家里太有钱了!要是我们家里也这样就好了!"根儿淡淡地说着,我却突然火冒三丈:"你是不是觉得我们家里穷了?!我们虽然没有别墅,你也有住的地方吧!虽然没有七辆汽车,也有一辆车你可以坐啊!"

根儿和孟爸都没有想到我会突然这样激动。根儿立即温和地说:"妈妈,我没有嫌我们家穷啊!我只是说如果我们家里有这些就好了!"我却不依不饶,放下饭碗坐到了沙发上,多年的劳苦憋屈全部涌上了心头,开始哭诉起来:"我每天辛苦地工作,要到外地做研究,还要写书。我和爸爸分开这么多年就是为了陪你读书,你好像还对我们不满意!"

根儿备感委屈,他流着眼泪回应我:"我再说一遍,我没有嫌弃你们,知道你们对我好。我只是说如果我们家里更富裕就好了,你为什么要这样说我!""我就是觉得你嫌弃我们!"根儿愤怒地说:"妈妈,你为什么不听明白我说的话?你误解了我的意思!你只知道自己想说什么,听不到别人话的真实意思！"他难过地离开了客厅，到书房里去了。

　　孟爸上前安慰我："儿子不是你想的那样。他只是说他的同学，并没有嫌弃我们。他希望我们家里也像同学家一样富有，这是每个小孩都希望的啊！我觉得根儿没有错，你误解他的意思了。"

　　我开始冷静下来，也觉得自己这次发火是心理压力太大导致的。当时我已经离开成外附小，没有固定工作和收入，对儿童性教育的研究也停滞了，我对自己看不到未来和希望，在这样的心理压力之下，根儿的话语正好戳到了我的痛处，才导致了我将"嫌弃父母"的帽子扣在根儿头上，严重贬低了根儿的人品，这样的贬低让根儿非常伤心。

　　根儿从小在私立学校读书，同学中非富即贵的家庭比比皆是。他知道我们的家庭只是一般，所以，他从不与同学攀比，无论在衣着方面，还是在学习用具方面，根儿都以实惠为选择方向。他的衣服都只有三四套，鞋子也是只有两双，可以换洗过来就行。在很多同学使用手机的时候，根儿从来没有提出过需要手机。想到这些，我觉得自己真的错怪了根儿。

　　我来到书房里，看到根儿正在抹着眼泪，我的心也很痛，对根儿说："妈妈不该这样说你，是我误解了你的意思，你能够原谅我吗？"根儿点点头。我继续："可以拥抱妈妈吗？"根儿站起身，伸出双臂迎接我，我们拥抱在了一起。我知道他原谅了我！每次冲突之后，善良的根儿总是不计较我对他的伤害，他有的只是对我的包容和理解。

　　这是我第一次用语言请求根儿对我的谅解。在我开始研究教育之后，慢慢尝试着改变自己。以前，我伤害了根儿的时候，都不会用语言来道歉，只是用一些行为来表示自己的愧疚，比如给根儿买好吃的东西或者主动与他聊天。正视自己的错误并向孩子道歉，请求孩子的原谅，需要勇气和力量。终于，我可以做到了。

根儿为我熬制的心灵鸡汤

2009年5月，我到深圳陪根儿读书，同时在深圳开展工作。每天除了繁重的工作，还要买菜做饭搞卫生洗衣服，工作和生活的双重压力之下，我的心情自然不好。曾经忧心忡忡地与根儿交流，对于开工作室我心里没有底，不知道能不能干好，担心亏钱太多。根儿宽慰我说："每个餐厅刚开业的时候，来吃饭的人也很少。你不用着急嘛。"然而，忧虑还是会一阵阵袭击我。

一个周末，我早早起床到集市买了一只鸡，回家后开始煲汤。根儿喜欢烹饪，对广东汤料特别感兴趣。他在精心配制汤料，我忙着工作去了。根儿煲好鸡汤做好菜之后，叫我吃饭。我停下工作来到厨房，看到桌子上有一个油油的汤料袋，开始大声斥责他为什么不用盘子装上汤料袋，把桌子搞得那么油。

根儿默默地在进行饭前准备工作。我越说越起劲，压抑了两个月的坏情绪此时找到了决堤口，一泻而出，面目狰狞地开始数落根儿，从他用汤料弄脏了桌子，到他喜欢看的《喜羊羊和灰太狼》，说他不该看那么长时间的电视节目，不该花太多时间打游戏，不应该只在网上阅读，应该多看书……

根儿终于无法忍受我的唠叨。他没有像我一样大声吼叫，而是平静地、有些委屈地说："我今天高高兴兴为你煲了鸡汤，我只是没有把这个汤袋放在盘子里，弄脏了桌子，你就生那么大的气！我以前没有用过这种汤料袋，以后我知道怎么做不就行了吗？"我的心突然宁静下来，紧绷的脸色开始放松，内心体验到儿子的委屈，我不说话了。

根儿继续说："我知道你最近压力很大，我一直在尽量让你感觉高兴，但你就是高兴不起来，还经常发脾气。我为你跳舞、为你朗诵诗歌、为你表演小品……"我的心颤抖着，开始丧失听觉，眼前出了浮现他对我的好：每天主动做家务、每天给我讲笑话、每天晚上睡觉前给我跳"猫猫舞"、有时还给我来点带有昆明普通话的"诗朗诵"……他的"诗"根本不称其为诗，他的舞蹈像原始部落的"张牙舞爪"，他的笑话一点也不好笑，所以，每次他的表演我都不想看，或者心不在焉地应付他。天哪！我都不知道他为我做的这一切，都是为了哄我开心啊！

我的听力又恢复了。根儿继续说："你自己就是搞心理研究的，你知不知道人最重要的是快乐！你每天这样不快乐，我和你都生活在你制造的紧张中，你知道吗？！"如醍醐灌顶，我彻底清醒了！来到深圳的两个月，我被困难压得喘不过气来，已经忘记了快乐是什么。

我来到根儿身边坐下，声音变得柔和："是不是因为工作室，我的压力太大，才变成了让人害怕的样子？"看到我平静下来，根儿再次安慰我："你尽力做，如果实在不行，就把租来的房子退掉，不办工作室就是了！"他的话让我想到孟爸，孟爸也对我说过同样的话，在我选择的这条艰辛路上，我庆幸自己有这两个男人的鼎力支持！

我长长地舒了一口气，与根儿拥抱："妈妈很感谢你的提醒，从今天开始，我们在深圳要快乐地生活！"然后，我们来到餐厅，一起品尝根儿煲的鸡汤，这是他送给我的心灵鸡汤，化开了我被情绪蒙蔽的心灵，让我看到了孩子无限热爱母亲的那颗炽热之心！

我们沿袭了父辈教育子女的方式，把孩子当作宣泄工作和生活压力的对象，以为孩子是一个没有感受的小动物。尽管我学习了新的教育理念，尽管我在重新学习处理自己的情绪的方式，尽管我不断督促自己改变旧有的情绪模式，然而，常常在不自觉中，那些潜伏在生命中的错误模式还是会逃逸出来，让我伤害根儿。

我记住了根儿说的话："人最重要的是快乐！"为了减轻我的家务，我找了一个钟点工来帮忙。两周之后，工作室开始迎接学生的到来，实现了我多年来的一个梦想——在自己的工作室与孩子们交流。

"你知不知道这是爱！"

那是2011年6月的一天，根儿期末考试结束了，准备先回昆明和孟爸团聚，而我要到北京讲完课后才回昆明。这一天，根儿回昆明，我飞北京。

在离开深圳的前一晚，根儿决定第二天早上要做一顿意大利面早餐，于是，我们到超市买回了各种食材。第二天一早，根儿又到市场买回来新鲜的大虾和鱿鱼。我期待着品尝他做的美食。所有的原料都备齐了，根儿却迟迟不开工，坐在电脑前打游戏。11点钟他就要出发到机场，我反复催了几次："儿子，开工吧！要不来不及了啊！"根儿没有动手的意思，他回应我说："来得及的。"

很快就到了10点钟，根儿又开始看电视里播放的NBA节目。我再次提醒时，他却突然说肚子有些不舒服，不想吃意面了。我忍住开始上升的火气，问他："买了这么多的东西，不做可就浪费了啊！"此时，我一心想到的是那些花了一百多元钱买回的食材，却没有关注到根儿的身体。他没有接我的话，继续看电视。过来一会儿，根儿说："我今天的确不舒服，不想做意大利面了。"我回应："那些大虾、鱿鱼怎么办？"根儿没有出声。我带着情绪接着说："要不煮熟你带回昆明吃？""带回去就不好吃了。"他对食物品质的要求比较高，新鲜的大虾一定要当时吃。我心里郁积的火气越来越大，根儿已经感受到了我的情绪。

几分钟后，根儿被我的情绪影响，他来到厨房，勉强地说："好吧好吧，我把大虾和鱿鱼吃掉！"看他不耐烦的样子，我的情绪继续恶化。这时，做意面的配菜无法处理了，根儿拿出买回来的配菜，说："这些配料就20多元钱嘛！"言外之意是"扔掉吧！"这句话像一粒火星，引爆了我情绪的炸药桶，我生气地大叫："你以为20元不是钱啊！你去挣20元试试！"

根儿终于爆发了！他像一头发怒的狮子，双眼冒着愤怒的火焰，瞪着我，声嘶力竭地叫道："我把这些吃掉你就安心了是不是？！我今天上午肚子的确不舒服，你就这样来逼我！"我也怒火中烧，愤怒地冲进厨房，把已经煮好了的大虾和鱿鱼倒进了垃圾桶，大声叫道："你不吃就算了！！"

一向温文尔雅的根儿彻底被我激怒了。我从未见过他这样生气，红着双眼瞪着我，眼珠子都要掉出来了，呼呼地喘着大气，哭着大声吼叫："你知道吗？我想到今天要回昆明了，你喜欢吃我做的意面，昆明不容易买到新鲜大虾，所以我想做一次意面吃。因为这段时间考试，我好长时间没有做意面，所以才决定今天做。你知道吗？这是我的爱，我爱你，给你做意面吃？！"他冲到客厅，指着烤箱和他的调料橱柜，继续哭喊着："你只知道算钱，看不到爱！如果这样，这些东西有什么意思？！"看他要冲过去砸掉烤箱的样子，我立即冲到烤箱面前。根儿喘了大大一口气，接着哭诉："你知不知道什么是爱？！你知不知道爱是什么？！你知不知道这是我对你的爱？！"根儿的样子让我吓呆了。没有想到，我们母子间第一次大声谈爱是以这样的方式进行的。一个"爱"字敲醒了我，我渐渐冷静，身体放松下来，目光开始柔和。此刻，我才听懂了他的话——没有爱，就没有美食！他每次为我做美食，都是因为爱我！

根儿告诉我他肚子不舒服的时候，我根本没有去体验他此刻的感受，而一心想着那些菜不吃掉就浪费，心里想的是，不管你身体是否舒服，都不应该浪费那些菜。由此，根儿收到的信息是，妈妈根本就不关心我的身体和感受，只在乎买菜的钱；如果我不吃掉那些菜，我就是浪费父母钱财的人。我的做法将根儿对自我的评价降低到一个低级状态，让他感到自己的尊严被侵犯了，这是他不能够接受的，因此，他才奋力反抗，维护自己的尊严！

犯下这样的错误在于我从小被过度强化的"节约"教育。在我接受"要节约"的教育的同时，我没有接受过如何同理他人、尊重他人的内心感受。于是，当根儿不愿意做意面时，我沿袭了前辈教育我们的方式，在意识中自然就冒出了"孩子在浪费，这是一个不好的行为"，将他不愿意吃意面直接绑架到了浪费的道德评判上。现在，我才明白，我们从前辈沿袭下来的方式只是教，而不是育。只有体验了孩子的感受，懂得了孩子的内心，与孩子共情，让孩子接纳，不用道德绑架孩子，孩子高级的精神品质被我们感受到，才能够达到"育"的水平。而这样的"育"是双向的，父母不要以为只有自己才能够育孩子，其实，孩子也是来育我们的天使！

这次冲突让我终于明白，为什么根儿每次做的意面那么好吃，因为他是用内心满满的爱在做美食。我吃了那么多，却从未感受到美食中爱的味道，只感受到意面的味道。在我还将美食停留在物质层面的时候，根儿已经将美食升华至精神层面。而我却将根儿已经升华的精神用卑劣的方式——道德绑架——拉回物质层面。我的精神品质如何能够与根儿相比？！

假如我从小接受的教育是全面的，我在被教导要节约的同时，也接受到人文的关怀，大人们用他们对我的关怀方式让我懂得如何尊重他人内心的情感，那么，在我当了妈妈后，就会像这些成人对待我的方式一样，尊重根儿的情感。可悲的是，我只被教导过要有节约粮食的美德，而没有被培育过对他人心灵和情感的尊重。如此蛮荒的心灵又如何能够长出高贵的美德来？！

我和根儿开始冷静了下来。我深感惭愧，说："我现在才知道你为什么昨天要买配菜来做意面。"根儿流着眼泪，没有回答我。他还在情绪中，我想过去抱一抱他，但我不知道情感如何转换轨道——这也是我成长中没有学习到的。18年来，这是我与儿子发生过的最大的一次冲突。我没有足够的经验和能力来处理，我还处于情感的慌乱之中时，根儿离开的时间已经到了。我送他到楼下坐车，我们都没有讲话。我期望他能够说一声再见，最好能够主动给我一个拥抱。他没有。看着汽车开走，我漠然地回到空空的家里。

当我期望儿子说再见的时候，我应该对他说再见。当我期望他抱抱我再离开时，我应该上前与他拥抱。只有我当时这样做了，他才能够学会将来在这样的情况下如何转化情感轨道。因为我的不知所措，他失去了这次学习的机会，一如我小的时候没有这样的经历，就没有增长这样的能力。每一次冲突都是我重新成长的契机，每一次冲突都是儿子成长的契机。我没有把握住，这是我当时犯下的第二个错误。

回到家里，我的心里一直不舒服，于是给孟爸打电话，告诉了他事情经过，要他关注一下根儿的情绪。在电话里我告诉孟爸："我就是被钱迷住心窍，没有懂得根儿的心。我想做一个好妈妈，可是我老会犯错！他走的时候我们没有处理完这次冲突，等你在机场接到根儿，你一定要和他谈谈，让他释然这件事情，他那么单纯的一个孩子，不要因为这件事让他的假期不愉快……"说着说着，我开始流眼泪了。

在北京的讲课结束后，我立即回到昆明，找了一个机会和根儿谈了那次冲突。我如实说出了我当时的错误。根儿也道歉："妈妈，我也不应该发火。"我们达成了一种共识：节约粮食是必需的，交流中不可以有伤害对方尊严的言行。这次冲突让我明白了，处理亲子关系的基本原则之一是必须维护孩子的尊严和人格。

在我的成长过程中，情绪管理一直是我的缺陷。在根儿年幼的时候，我也把工作中的烦恼带回家，因为找不到自我存在的价值而生气，让整个家庭阴云密布。孟爸感到我的行为莫名其妙，根儿更是担惊受怕。我没有意识到，我的行为会让根儿觉得是自己不好才让妈妈生气。后来，看到一篇文章中的一句话："你对领导、朋友、同事都那么尊重、谦和、宽容、友善，为什么不像对待他们那样对自己的爱人和孩子，他们是你生命中你最亲最爱的人啊！"这句话直接击中了我的内心，导致我开始慢慢改变自己，开始学习不迁怒我的孩子和家人。

直到根儿15岁那年，我看了美国作者S·格哈特写的书《母爱的力量》，才知道父母要对孩子清晰地表达自己的想法，才明白要在与孩子的交流中为孩子建构良好的交流模式，才懂得我与根儿的交流缺乏一个良好的模式。我遗憾自己没能早一点接触这样的书，它给我带来的震撼在我内心引发了十级地震，我下决心要在根儿离开我上大学之前，重建交流的新模式。

然而，我生命中已经错过的建构过程，现在要重新修建，谈何容易？根儿18年来没有建构好的交流模式，需要重建，谈何容易？与根儿发生的无数次冲突，我都当成是自己的重建过程，也是帮助根儿重建的过程，这让我们不再害怕发生冲突，每一次冲突都是对旧有结构的整改和翻修。我们曾经的交流模式就像一栋陈年旧建筑，为了能够继续使用，现在要将结构重新调整。这是一个艰难的过程。这种艰难在我们一次又一次的冲突中体现得淋漓尽致！

忙于工作后对孩子的忽视

尿频的原因

根儿离开昆明到成都上学后,我也来到根儿的小学做校医。学校给我分配了一间30平方米的单身公寓,根儿晚上放学后就回我们的"家"。

有一天,根儿说:"妈妈,我想中午也回家来,不想在宿舍里。"我因为工作太忙,中午的午休对我非常重要,担心根儿回家影响我。根儿看出了我的担心,他说:"妈妈,我保证不影响你睡午觉的,你就让我回来吧!"我同意了他的请求。

根儿每天中午在学校吃过午餐就回家。他看到我在午休,就安静地看书,走动时非常小心不弄出声响来。但是,因为我入睡困难,根儿翻书的声音还是让我烦躁不安。终于有一天,我因为根儿翻书的声音无法入睡,便把工作带来的压力和烦恼统统宣泄到了根儿身上,对根儿大声叫道:"不许在屋里翻书!"根儿吓坏了,连忙搬了一个小板凳到阳台,然后开始在阳台上看书。我还是无法入睡,继续对根儿发火。可怜的根儿无处可去,默默地承受着我的粗暴。

那段时间,根儿每天都坚持回家,小心翼翼地看我的脸色,生怕影响了我的心情和午休。看到根儿怯怯的眼神,终于有一天我幡然醒悟:根儿离开了爱他的孟爸,当我来到学校后,他非常渴望与我在一起,想要获得家的温暖,希望能够像从前一样被家里爱的氛围滋养,这么简单的要求却是9岁根儿内心最强烈的期望。我开始理解根儿。每天中午，我不再让根儿坐在阳台，他可以躺在我身边看书，可以跟我聊天，然后和我一起午休……我们的家开始有了爱的气息。

后来，我知道了根儿不愿意在宿舍午休的原因。根儿告诉我，老师在孩子们午休前提醒他们小便，如果上床后，孩子就不能再去卫生间。每次老师让孩子小便时，根儿都解不出小便，上床半小时后，根儿才想解便，可老师不允许，只有憋着，直到起床后才可以解便。这样的管理方式让根儿开始对小便产生了焦虑，导致他出现了尿频。至此，我才明白根儿为什么会出现尿频的原因。我曾带根儿到医院去检查，没有查出尿频的原因，原来并不是器质性的病变导致的小便问题，而因为焦虑所致。

根儿刚到成都的新学校，离开了熟悉的家和爱他的孟爸，住进了小便都不能够自由的学生宿舍，这一切都影响着根儿的心理，让他出现了尿频的问题。当我明白这一切后，立即把学校的床位退了，让根儿每天中午都回家。虽然我一直在帮助他放松，但根儿的尿频直到两年后才恢复正常。

同样的环境，有一些孩子能够适应，而有一些孩子则会出现不适，这是个体的差异所致。根儿是一个非常敏感的孩子，敏感的特质让他在粗糙的人文环境中很容易受到伤害。懂得自己的孩子是什么特质，需要怎样的成长环境，这是父母的必修课。

根儿对我的思念

根儿14岁那年，我在成都陪他读初中。那一年我已经离开了成外附小，没有工作和稳定的收入，偶尔会到外地做一些讲座。在一次午餐时，我与根儿的话题谈到了我的前途问题。

根儿："妈妈，我觉得你整天吃了就睡，睡了就吃，没有意思！"

我："我做事（工作）的时候你没有看见呀。"根儿7点出门上学时我还在睡觉，中午我们一起吃饭，晚上10点根儿才回到家里，我陪他聊天或者我们一起看电视，所以，根儿只看到我整天"无所事事"的样子。

根儿："我上学，董姨妈做饭、洗衣服和搞卫生，爸爸上班挣钱，你干什么呢？你不是说你要做大事吗？"

我："做大事要天时、地利、人和，需要条件啊！"我一直认为根儿还在上学，需要我陪伴，因此有好多机会都放弃了，心想等他毕业后我再干自己想干的事情，现在的主要任务是陪他。

根儿："北京那边经常有人给你打电话，你怎么不去北京呢？你在成都这样的地方，这么偏僻，没有人需要你，没有人请你讲课，哪来的天时、地利、人和？你的大事没有办法做的！"他经常听到李跃儿给我打电话，电话里李跃儿邀请我到北京做研究，每次我都婉言拒绝了。

我认真地说："好吧，我明天就到北京去干我的大事情！"

根儿："你快去吧，我自己能够管好我自己的，你不用操心我了！"

我没想到14的根儿能够讲出这样一番话来。他的话给了我巨大的力量，我没有了犹豫和彷徨，根儿已经长大了，我完全可以离开他，开始做我喜欢的事情了！

第二天，我离开成都到了北京，在北京李跃儿巴学园一待就是40天，开始了我对0～6岁孩子性发展的观察和研究。这是我第一次离开根儿这么长的时间，其间，我只给他打过一次电话。在离开根儿二十多天的时候，孟爸给我来电话："根儿有些想你了，但他不对你说，只是告诉我他想和妈妈一起吃巴西烤肉。"我开始以为根儿只是想吃烤肉，就在电话里告诉他，让董姨妈带他去巴西烤肉餐厅。根儿不愿意，一定要等我回去和他一起吃烤肉。我知道根儿真的很想我了。然而，我一心扑在了工作上，没有再给根儿电话。

40天后，我回到成都。根儿不提吃烤肉的事，我主动提及了两次，根儿说不想吃了。我问董姐这段时间根儿有什么表现，董姐告诉我："他有时候会在你的房间里发呆，有时候会躺在你的床上，可能他有些想你了。"听到董姐的话，我知道自己再次犯下错误——为什么我的心是如此的粗糙，不懂得离开妈妈的孩子，会对妈妈万般思念？！

现在我才明白，我不可以为了工作忘记孩子，这种忘记不是"一心扑在工作上的高尚道德"行为，而是我内心情感的粗糙导致。根儿对我的情感是如此的细腻，我的工作再忙再累，总可以在睡前给根儿一个电话，哪怕只是道一句晚安，也能够让他的思念有一个安置的地方。我离开家长期不给根儿电话，不懂得关注家人情感的做法，给了根儿一个非常不良的示范。

"妈妈，你都不会笑了"

2005年6月，为了继续我对儿童性教育的研究，我离开了曾经工作过的成外附小。当时我的想法是，好不容易才找到我喜欢做的事情，儿童性健康教育是我这辈子要做成的事业，我不可能放弃。

离职给我带来了巨大的损失。首先，我要退回学校分配给我的一套住房。这套住房的面积为97平方米，当时我没有想到过离开学校，所以花钱进行了装修，还购买了不少家具。学校与我签订的合同规定，我必须在学校工作满八年，这套住房的产权才可以属于我；如果我选择离开学校，等于放弃了这套已经到手的住房。其次，根儿升入成都外国语中学不再享受教师子女待遇，这意味着如果根儿不能考上奖学金，我们将全额缴费；如果我不离开学校，根儿就可以享受教师子女待遇，降分录取，经济上还会有一定的优惠。第三，我失去了工作，没有了经济收入来源。第四，我需要租房陪读，这将是一笔不小的花销，会增添家庭的经济负担。

孟爸听说我要离开学校，同时面临如此多的损失，他让我多加考虑，希望我能够继续在学校工作，直到根儿高中毕业。根儿才小学毕业，还要让我在学校待上六年，我无法坚持。我在电话里告诉孟爸："如果你让我继续在学校工作，住在学校给我的那套房子里，我会得癌症的！"孟爸只好投降：

"好吧好吧，那你得赶快租房子，不能够影响到根儿上学哈！"这是我一生都感激的男人，在我每次做出的人生转折中，他始终都用宠爱支持着我！

我很快就在学校附近租到了房子，然后搬家，等安定下来后，我开始感到空虚。失去工作的同时，我还失去了研究儿童性教育的基地，没有了学生，没有了讲课的机会，整天无所事事，只是买菜做饭，照顾根儿的生活，这让我陷入了迷茫和苦恼之中。

有一天，根儿突然对我说："妈妈，你都不会笑了！"这句话惊醒了我。回想起我来到成外附小的整整四年里，除了要做好学校医务室和学生心理健康咨询工作，还要研究学生的性心理和教育，并承受工作带来的各种压力——从学校离职就是这四年来压力导致的最终结果。此外，对根儿的保护和照顾，也让我耗尽心血。四年来，我每天都处于疲于奔命的状态，这让我的笑容渐渐从脸上和内心消失，连我自己都没有察觉到自己已经不会笑了。

在我不会笑的几年里，我不知道根儿是如何紧张和焦虑的。孟爸不在我们身边，没有他的幽默搞笑，家里失去了笑声和笑容，根儿整天面对我这张不会露出笑容的脸，家里的气氛如同冷库，没有温暖和谐的氛围。这对根儿的成长是极其不利的。每一次孟爸来成都，根儿都非常高兴。孟爸的和善宽厚，给根儿带来情感上的慰藉，只是这样的欢乐时光太过短暂。

根儿的提醒让我开始改变自己。2006年8月，我认识了李跃儿之后，重新找到自己人生的目标，心情舒畅了许多。这一年，我请董姐来照顾我们的生活。虽然我的研究工作很忙，董姐的开朗让我们家里充满了欢声笑语，她的厨艺让我们每天都享受生活。直到2008年我们离开成都去深圳，董姐才离开我们回到都江堰。

训斥和误解

轻声关门

孟爸与根儿关门的声音都非常大，常常让我大受惊吓。为此，我非常生气，每次被关门声吓到后，都会愤怒地大喊大叫："你能不能轻点关门！每次都这样！"然而，这样的喊叫并没有见效。我想让根儿学会"有教养地关门"，却一直苦于找不到方法。

一次，在北京李跃儿芭学园学习期间，孩子们有一堂生活课，内容就是学会轻声关门。课堂里，老师为孩子们示范了怎样关门才不会发出很大的声响，然后，每个孩子都体验一下关门的方式。老师没有给孩子们讲很多道理，只是告诉孩子们无论在家里还是在公共场所，关门的时候都要做到"轻轻地关上门"。看了这样的一节课，我突然明白了自己的错误。我的错误在于我以为根儿能够明白"轻一点关门"所包含动作的全部含义，所以，根儿每一次关门很重，我都认为是他没有做好关门的动作，而不明白是根儿根本不知道怎么做到"轻点关门"。

回到家里，我立即向芭学园老师那样，为根儿示范如何关门才不会让门发出很大的响声，然后让他体验这种方式。之后，根儿关门再也不会发出响声了。不过，这个时候的根儿已经17岁了。现在我才明白，在漫长的十多年里，根儿每次因为关门被我暴躁地训斥，内心是多么的委屈和无奈。至今，孟爸在关门的时候也会注意用力小一点，但是，偶尔还是会让门重重地关上，这个时候他会解释道："嘿嘿，忘记了哈，要轻一点，要轻一点！"

有时候，孩子真的不知道我们发出的指令背后的动作要求，而我们也往往会忽视这一点，自以为是地认为是孩子故意不遵照我们的指令。其实，换一种思维，换一种指导方式，孩子就能够理解我们，懂得该如何去做了。

晾晒衣服

根儿到深国交上学后，我与他分开了差不多近一年的时间。在我刚到深圳陪读时，第一次看到根儿晾晒衣服——将皱巴巴的衣服直接挂到衣架上，忍不住大发脾气，大声怒骂根儿："你做事一点都不认真，看把衣服晒成什么样子，这样晾晒的衣服干了之后怎么穿，也不想一想……"根儿一声不吭地把衣服拿下来，抖了抖，重新往衣架上挂。看到衣服还是皱巴巴的，我一把夺过衣服，生气地为根儿示范如何把衣服晾好，然后又把之前根儿没有晾好的衣服取下来，重新整理后再挂上衣架晾晒。

根儿面带委屈，却尽力保持着平和的语气说："妈妈，我之前不知道你晒衣服的要求，原来都是董姨妈做这些事情。我到了深圳住校，宿舍里的同学都这样晒，我也就这样了。我不是不认真做，是不知道怎么做才好。"听到根儿的话，我立即意识到自己做错了。在修养方面，根儿比我要强，他懂得克制自己的情绪，懂得在对方暴怒的情况下保持平和的语气，表达出自己的心声。在某些方面，根儿的品质要比我更加高贵。

这件事情中，我的错误在于：第一，我本应该就事论事，不该就此评价孩子的品质，给孩子扣上一顶"不认真做事"的帽子；根儿本是一个做事非常认真的孩子，而我随意否定他的品质，这是对根儿错误的评价，也是对根儿人格的不尊重。第二，我随意在根儿面前爆发情绪，这对我帮助根儿学会晾晒衣服没有任何积极的意义，只是满足了自己发泄情绪而已，伤害了我与根儿的亲子关系。第三，我从来没有教过根儿晾晒衣服，却要求根儿的做法达到我的标准，这是我没有站在孩子的角度思考问题。

如果我的养育智慧能够再高一点，当我看到根儿晾晒衣服不合适时，温和地告诉根儿正确的方法，一边示范如何把衣服尽量抖平整，一边给根儿讲明白这样做的好处。这种场景本来是多么的温馨，却被我搞砸了。我现在明白了搞砸的原因：我小的时候，做事做不好就会挨一顿臭骂，也因此，我的血液中流淌的全是这样的教育因子。当我面对儿子时，不由自主就会做出这样缺乏教育智慧的行为。

卫生纸

在深圳的家里，我上卫生间的时候，发现卫生纸没有了。我一边让根儿帮我取卫生纸，一边开始数落他："你用完了卫生纸为什么不加上？你住宿舍的时候，如果卫生纸被你用完了，你也不放新的卫生纸，也不管下一位同学有没有卫生纸！你就是不为他人着想，这样的德行会让你吃亏的！不为他人着想的人，没有公德心的人，将来也没有前途……"我越说越生气，越说越来劲。

根儿开始一声不吭。终于，他忍无可忍，尽量以平和的语气说道："妈妈，我们宿舍的卫生间不放卫生纸。同学都是把卫生纸放在自己的地方，要上卫生间时才拿上纸。你不要说了，我下次会记得放卫生纸了。"然后再也不吭声了。根儿的话触动了我，我觉得自己又犯老毛病了，在没有详细了解的情况下，动辄就评价根儿的品质。我开始反思自己的行为。

那个时候，我们刚刚在深圳安家，根儿与我还没有建立起生活的小秩序。以前家里都有阿姨照顾我们，卫生间很少出现没有放卫生纸的情况。根儿从小到大，我都没有意识到要教他这一点，现在，我却突然对他没有做到这一点大发雷霆。这是我的不对。我主动向根儿承认了自己的错误，然后，我们俩订立了一个规则：如果谁最后使用完卫生纸，谁负责立即放上新的卫生纸，方便后来者使用。这个规则在家里一直执行得很好，我们再也没有为此出现争端。

其实，在养育根儿的过程中，我犯下了很多的错误，也在不断改正错误。直到根儿离开我们到英国，我的错误依然没有完全改正。但是，我能够直面自己的错误，不再逃避，这是根儿给我带来的勇气。

矫牙风波

矫牙让颞下颌关节损伤

十多年前，中国的牙医们纷纷开展矫牙的业务。父母们也意识到了孩子牙齿的美观与孩子的容貌密切相关，于是，我同大多数家长一样，开始为根儿矫正牙齿寻找牙医。然而，因为我们的无知以及当时国内牙医鱼龙混杂的状况，让根儿遭受了十年矫牙带来的痛苦折磨，导致了根儿容貌的变化和心理伤害，也让我陷入了深深的自责和后悔，很多个夜晚，我都为此失眠痛哭。后来，直到在深圳遇到了李加志医生，我们才走出了矫牙带来的重重阴影。在此，我想与父母们分享这十年的矫牙经历，希望父母们吸取我们的经验和教训，不再让家庭陷入这样的痛苦之中。

根儿9岁时到成都上学，成都有全国最好的口腔医院，我本来准备带根儿上这家医院矫牙。在一次大学同学聚会时，我向成都的同学了解矫牙的情况，一位同学告诉我："你千万别去大医院，我们在大医院里挂专家号，但都是专家的学生在操作。我女儿在这家医院矫牙时出现了很大的问题，搞了几年都没有搞好，后来我还是在一家私人诊所把女儿的牙齿治好的！这位医生是华西医科大学口腔专业毕业，后来到日本学习并获得了口腔医学博士，她的技术很好，每个病人都是她亲手操作，所以，不会有问题！"我彻底相信了她的话，留下了这家私人诊所的联系电话和地址。然而，这却成为我们十年矫牙噩梦的开始。

当时根儿的牙齿没有明显的问题，只是门牙有一点向前凸出，也没有影响到他的面容形象。孟爸非常重视根儿的牙齿美观，因此，在根儿9岁半时，我们带他来到了这家私人诊所。诊所大厅的墙上挂着这位医生（我们用L医生来称呼她吧）在日本留学获得的博士学位证书和诊所的营业执照，增添了我们对L的信任感。经过一番咨询和检查后，L医生为根儿制订了三年完成矫牙的计划，让根儿的牙齿达到健康美观的效果。

因为诊所里只有L医生为病人诊治，其他工作人员都只是她的助手，每次就诊都是L医生亲自为根儿操作，这让我很放心。矫牙一年之后，根儿开始偶尔感觉双侧颞下颌关节疼痛。L医生解释说没有关系，一段时间后会好转。然而，一年过去了，根儿颞下颌关节的疼痛感并没有缓解，反而逐渐加重，一直持续到了矫牙的第三年，根儿每天早上吃早餐都会感觉极其不舒服。

我很认真地向L医生反映情况，每次她都说没有关系，并向我解释这是由于关节周围的肌肉紧张导致。她给出的方法是每天按摩根儿的颞下颌关节处，用热毛巾进行热敷。为此，我专门请她帮忙从日本购买了小小的按摩器，认真为根儿进行面部和颞下颌关节处的按摩，然而，情况并没有缓解。此时，我才意识到了热敷和按摩不可能解决肌肉紧张引起的关节问题。与此同时，根儿面临小学毕业。三年多的矫牙虽然完成，却留下了致命的颞下颌关节损伤。

在这三年多的时间里，我对拥有洋学位的L医生非常信任，从未去找过其他牙医咨询。面对根儿矫牙结束后留下的颞下颌关节问题，我不再信任她。在放假期间，我们回到昆明后，我带着根儿找到了一位经验丰富的牙医，她一看根儿的情况就说："孩子上牙与下牙的中线不齐啊，他以前就是这样的吗？"我心里一惊，以前根儿没有过上下牙中线不齐的问题啊！仔细一看才发现，根儿的真的存在上下牙中线不齐的问题。这位医生告诉我，是矫牙导致了中线不齐，可能影响到了颞关节，导致关节病变后产生疼痛。

回到成都后,我立即到诊所调出根儿的矫牙资料,看到根儿进行矫牙前拍摄的牙齿照片和矫牙结束时拍摄的照片,证明了昆明牙医的判断:矫牙之前的照片显示根儿上下牙的中线是正常的,矫牙之后的照片显示了上下牙中线没有对齐。我当时后悔万分,为什么在根儿完成矫牙时我没有看到上下中线没有对齐?!我太信任L医生了,我恨死了自己当初对她的信任!

看到自己的"杰作",L医生有些难堪。我与孟爸没有为难她,只是希望她能够拿出方案来,帮助根儿恢复健康的颞下颌关节功能,把上下牙的中线对齐。于是,本来已经的结束的矫牙只好延长。当时我对L医生继续抱有一线希望,考虑到其他医院的医生不了解根儿这三年多的矫牙情况,也考虑到L是洋博士,水平应该不错,所以,我们决定让L医生继续为根儿治疗。没有想到,这却让根儿的痛苦延长了三年多。

蹩脚牙医差点让根儿毁容

根儿上初一时,开始对牙齿中线不齐进行治疗。虽然是L医生矫牙不当导致了根儿现在的问题,我们为了让L医生尽心为根儿治疗,没有找她的麻烦,也没有要求免费治疗。L医生也不客气地按照应该收取的费用对我们进行收费,没有一点儿优惠。L医生为根儿做了一个牙套,让根儿每天晚上睡觉时戴上牙套,早上起床后将压套取下,她说这样的方式可以让上下牙的中线慢慢对齐,而且颞下颌关节的问题也会缓解。我们认真地按照她的方式进行这个阶段的治疗。

一年过去了,根儿的问题不但没有得到解决,颞下颌关节的疼痛依旧。根儿每天吃早餐时痛苦的样子,深深刺激着我的神经。这个阶段根儿还出现了两个新的问题:一是根儿的整个口腔内变形严重,上牙与下牙不能够咬合对齐,左侧牙齿"地包天",右侧牙齿"天包地",导致根儿吃东西时咀嚼困难,嘴巴歪斜;二是根儿只要张嘴,就会出现颞下颌关节弹响,有时候张嘴都有些困难，常常在张嘴时要经历颞关节弹响之后，嘴巴才能够张开。

出现这些情况后，我才想到，根儿每天晚上才带牙套，根本不可能扭转牙齿的中线问题。我向L医生表达了我的疑惑："每天晚上才戴牙套，白天取下之后，肌肉的力量牵拉可能让牙齿的状态回复到了原位，中线不可能得到纠正啊！"L决定让根儿每天24小时坚持戴上牙套，只有吃饭的时候可以取下。我也认为这样能够帮助根儿恢复颞下颌关节的健康，同时纠正已经歪斜的中线。

但是，两年半的时间过去了，根儿的颞下颌关节疼痛更加严重，上下牙中线却越来越偏斜错位，左侧"地包天"和右侧的"天包地"越发明显；更严重的是，根儿多说几句话，颞下颌关节处就会酸痛难忍，直接影响到了他的生活和学习，导致根儿上课时不愿发言，不愿朗读课文。此时，根儿已经面临初中毕业，我才终于醒悟：L医生根本无法帮助根儿恢复健康了。

面对根儿复杂的情况，L医生束手无策。有一天，我们来到诊所复诊时，她建议我们在诊所对根儿进行牙齿的X光拍片，看一看根儿的牙齿和面部骨骼情况。她说："我们诊所刚刚配备了这台先进且专业的X光机器，现在，我们对每一位矫牙的病人都要先拍片，了解全面的情况之后才制定矫牙方案。"我问她："为什么根儿当初矫牙，你没有进行这个关键的步骤？我们在这里矫牙近七年了，现在你才对根儿进行这项重要的基础检查？"她语无伦次。我当时才真正意识到L是个蹩脚医生。只有没有经过正规训练的临床口腔"博士"，才可能在没有为孩子进行X光拍片的情况下，在完全不了解孩子骨骼发育情况和牙齿情况下，为孩子矫正牙齿长达近7年！面对如此不负责任的L，我的内心愤恨不已！

拍摄X光片的结果出来后，她解释说：因为根儿的智齿（尽头牙）太大，由于牙床的位置不够宽，长出来的过程中把上下牙的中线挤歪了。对于颞下颌关节的疼痛她无法解释，最后，她建议我们带根儿到医院拔掉长出来的三颗智齿。我们依照她的建议，到一家医院找到一位拔牙技术好的医生，拔掉了根儿已经长出的三颗智齿。这为根儿后来在深圳的治疗争取到了时间。

这次X光检查中，L没有把根儿更严重的问题告诉我们：X光片上显示了根儿面部骨骼的改变，左右两侧的下颌骨长短和粗细都不一样，导致了根儿左侧面部比右侧面部要长，整个面部是歪斜的状态；另外，双侧颞下颌关节还存在明显的问题，这些问题是后来我们到了深圳后，李医生为根儿进行治疗前，对根儿的面部和牙齿进行了详细的X光检查之后，才告诉我们的。每天看到自己歪斜的面庞，根儿的自信心很受打击，他常常对着镜子说自己是"丑猫猫，小歪脸"。

回顾根儿近七年的矫牙过程，我才发现自己犯下了多么愚蠢的错误。如果当时我多看几家诊所，多咨询几位牙医，或者不急于为没有明显问题的根儿矫牙，根儿就不会遭受近乎毁容的身心双重伤害了。

在公立医院的遭遇

在根儿矫牙的第六年，我带根儿来到了位于成都的全国最有名的口腔医院。这家医院有专门的颞下颌关节科，我特意挂了专家号，请主任为根儿诊治。在花费了几百元的检查费用之后，我带着检查结果来到主任的诊室，看到她带着几个年轻人在为病人诊治，这些年轻人可能是她带的学生。当她为根儿诊治时，简单地向我们询问了病情，简单地进行了检查之后，告诉我："要解决颞下颌关节的问题很难，目前几乎没有什么办法，只有每天用热毛巾热敷颞下颌关节处，也可以按摩让肌肉放松。"我告诉她我们曾经做过热敷和按摩，但不见好转，并一再追问她："现在有没有其他办法缓解孩子的关节疼痛，麻烦你告诉我？"她简单冷漠地回答："没有。"转身与学生说话，不再理睬焦急的我。在场的一位男学生看着我的无助，好意地说："回家用热毛巾进行热敷吧。"从我们进入诊室到离开，前后只用了不到十分钟的时间。在这家权威口腔医疗机构里，我无法获得更多的帮助，只好失望地离开。

我没有放弃，决定再次到这家医院的正畸科进行诊治。当时根儿已经决定到深圳读高中，这次诊治的目的是想与医生进行更多地交流，获得一些信息，看看有没有能够治愈的机会。如果有机会，我们会不惜代价，每个月坐飞机回成都进行复诊治疗。在挂了一位主治医生的号之后，我们开始与这位医生进行交流。她在看了根儿的X光片之后，非常耐心地讲解了根儿存在的问题，也耐心而认真地回答了我们的提问，最后，她告诉我们："就这样保持现状吧，不要轻易再做治疗了，他的问题很复杂，目前也没有更好的办法。"

我们还是不想放弃，在朋友的帮助下，我们第三次来到这家口腔医院。这一次，朋友为我们介绍了教授级别的医生。我们满怀希望来到了医生的诊室。诊室里很热闹，除了教授带的几个研究生，还有几个病人。轮到我们的时候，想从她那里获得我想要的信息，可是，我几乎没有时间与她进行完整的交流，我提出的每一个问题她都用最少的字来回答，我们的交流还常常被研究生打断："老师，看一下我这样做可以吗？"教授便离开我们，到研究生正在操作的病人处，看研究生是否做对了。医生没有全心全意地把挂号后属于我们的时间给我们，无奈之下，我们只好离开。

朋友再次为我们找到了一个在全国都属于大腕级别的主任。我们满怀希望地第四次来到了这家医院，见到他时，他刚从休息室出来，看上去显得很疲惫。我们就站在他休息室的门口，他看了看根儿的牙齿和面部，简单问了一下根儿的病情，就对我们说："等到18岁时来做手术吧，可以解决面部歪斜的问题，让容貌看上去好一点，但不一定能够解决颞下颌关节的问题。"我们交流的时间没有超过5分钟，然后他就离开了。看到大腕级别的水平都无法解决根儿颞下颌关节的问题，我坠入了绝望的深渊，对孟爸说："老公啊，我更希望他能够治好根儿颞下颌关节的病变，让他每天不被疼痛折磨，根儿即使丑一点也没有关系啊！这家全国最有名的口腔大医院，他们应该有世界上最先进的颞下颌关节病变的治疗信息啊，怎么就对根儿的问题没有办法呢？！难道全世界都没有办法解决这个问题？"孟爸也很无奈，无法回答我的问题。

我开始为根儿寻找成都以外的医院。我给在北京著名大医院里工作的朋友打电话，她恰好在口腔科，我说要带儿子来北京看颞下颌关节的问题，她吃惊地说："成都有全国著名的口腔医院啊，我们北京难搞定的口腔问题都要去成都取经啊，你来北京没有用的，北京的技术不如成都啊！"我再次坠入绝望的深渊，放弃了带根儿到北京治疗的计划。

在昆明期间，我们也带根儿找了几家公立大医院的医生问诊。记得其中一个医生听到我们的情况后，说："你儿子这样的情况没得治了，后果很严重，到50岁以后就只能依靠吸管进食，不能用嘴巴吃东西了，因为颞下颌关节已经僵化，无法张口了。现在，就连国外这样的病人都是这个结局！"我听到他的话，差点瘫倒在地，脑海里浮现出根儿50岁时用吸管吸取营养液的场景。天啊！如果真的有这么一天，根儿真是生不如死啊！他那么喜欢美食，这如何让他能够承受？！当时根儿也在现场，我不知道根儿是怎么想的，只见他一直紧锁眉头，一言不发。

离开医生后，孟爸坚持自己的意见："我才不相信医生的话，现在的医学这么发达了，一定有办法解决的！"但孟爸也想不出更好的办法了。有时候，他会责备我当初为什么不带根儿到大医院矫牙！面对孟爸的责备，我更加悔恨自己当初的选择。现在，我们经历了这些大医院的咨询后，我只是觉得当初不该为根儿矫牙。无论大医院还是小诊所，医生们都是处于技术的起步阶段，根儿和许多孩子成了他们劣质手艺的牺牲品。十年后，我看到了许多孩子因为矫牙，出现了与根儿相同的颞下颌关节问题和中线不齐的问题。

在公立医院的奔波结果让我彻底绝望了。夜里我无法入睡，一想到根儿的关节疾病就浑身发热冒汗，脑袋里全是根儿50岁后用吸管进食的情景；一想到自己的愚蠢，根儿这些年来遭受的痛苦以及根儿的未来，我都痛不欲生，甚至想到了要给自己一刀，才能够解除内心无限的痛苦！那段时间，我常常陷入这样的状态：不敢想根儿的未来，不敢提根儿矫正牙齿的事情，快要被折磨疯了。虽然孟爸安慰我说："不用着急，我不相信医生说的话，应该有办法解决的！"但是，我们却真的不知道到什么地方求助，也不知道什么地方才能够找到能够救我们于水火之中的人。

无数次绝望之后，我们决定暂时放弃为根儿寻找医院。有一天早餐时，根儿的颞关节很难受。看到他无法张嘴的痛苦状态，我无奈地对根儿说："儿子，都是妈妈不好，给你带来这么多的折磨和痛苦，我现在也不知道该找谁来帮助我们了，我们带着你去了这么多的医院，见了这么多的医生，你也知道了自己的情况，在中国的医院里没有人能够帮助你解决这个问题。我在想，你还是先好好念书吧，争取将来考进世界名校，然后能够有一份好的工作，挣够你在国外治疗牙齿和颞下颌关节的钱，然后在国外找一个好医生为你治疗，你的病才有希望被治好。这样你在50岁以后，才不会用吸管进食啊！你就可以每天做美食，用健康的牙齿吃美食了！"

根儿虽然经历了这么多的折磨，但他从来没有责备过我一句。他一直宽慰我："妈妈，没有关系的，爸爸说了会有办法解决这个问题，以后我考上了好的大学，毕业后我会努力工作，就会挣够在国外治病的钱，问题就解决了！"然而，这样的想法在当初也只是个梦想，我们不知道根儿是否会考上世界名校，更不知道他将来是否能够挣上足够的钱来治疗自己的病。我们一家人都用这个不知道能否实现的梦想来宽慰自己。

我们的救星李医生

2009年，根儿放寒假从深圳回到昆明，我们带他到朋友孙医生的口腔诊所清洁牙齿。孙医生是我原来在云南省卫生学校的同事，毕业于华西医科大学口腔系。根儿每年都会到孙医生的诊所清洁牙齿。孙医生不做口腔正畸，所以，他对根儿矫牙后的情况也不清楚。

在与孙医生聊到根儿的颞关节问题时，我把之前的遭遇说给他听后，他告诉我："我有一个大学同学，现在在深圳开了自己的口腔诊所，他的技术非常先进，特别是在颞下颌关节的治疗上，有可能不需要给根儿做手术，就可以治好他的颞下颌关节病。不久前我才去他的诊所看了，真的很不错。"听到可以不做手术就能够治好根儿的颞关节病，我本已绝望的内心对孙医生的推荐半信半疑，但还是点燃了我们的希望。我们决定带根儿去试一试，于是，我记下了深圳李加志医生的电话和诊所地址。

2009年5月，我到深圳陪根儿读书。安顿好我们在生活和工作后，那一年的十月，我与李医生预约好了时间，带根儿来到了他的佳至牙科诊所。此时，我对私人诊所的牙医还是心有余悸，但无论如何，私人诊所的牙医在与病人交流时，还是要比公立医院的医生们更有耐心，能够给病人更多的时间。我当时想，即使李医生给出的最终结果是不能够治好根儿的病，我也可以从他那儿了解更多的相关资讯。抱着这个简单而无助的目的，我还是对李医生充满了信任。

来到诊所后，我们被前台朴实而美丽的护士小姐领进了李医生的诊室。李医生详细询问了根儿矫牙的经过，认真检查了根儿的面部和颞下颌关节活动情况之后，李医生用颞下颌关节的结构图和模型仔细讲解根儿目前存在的问题，同时，他还展示了专业治疗颞下颌关节病变的器械，讲解了他对根儿这类疾病治疗的具体措施和方法。之后，李医生用电脑资料展示了几例与根儿类似病人的治疗前后照片，以及治疗过程中病人在每一个阶段情况变化的资料和照片。这些病例资料非常翔实，从事过儿科医生工作的我一看就明白了李医生对病人的良苦用心，这些颞下颌关节病变被治愈的病人，都是采用的非手术治疗方式。我的内心一阵狂喜，奔波了这么多年，绝望了这么多年，现在我们终于看到治愈根儿的希望了！

我问李医生："根儿能够被治愈的希望有多大？"李医生告诉我："我

不敢说100%，但我敢说有90%的希望。"我曾经做过医生，李医生的话让我明白了根儿是完全可以被治愈的。我向李医生表示愿意在他这里为根儿进行治疗。于是，李医生很认真地向我讲解了根儿的治疗需要分为两个阶段：第一个阶段是治疗颞下颌关节病变，第二个阶段是矫正牙齿咬合和中线不齐的问题。在治疗颞下颌关节过程中，根儿可能会出现面容更加不美观的情况，上下牙的错位可能会更加严重；在颞下颌关节问题解决之后，再进行面容和牙齿的调整。李医生介绍完后，问我："你能够接受这个过程中孩子面容的变化吗？""只要根儿能够治好，我什么都接受。我明白这只是一个过程啊，在第二阶段就会解决面容和牙齿的问题。所以，我不担心，我接受你的方案！"李医生放松地笑了："你也做过医生，所以与你交流起来我们能够达成共识。但是，有一些父母就不能够理解，他们不接受在治疗颞关节阶段孩子的面容变化。"我告诉李医生："把根儿恢复颞下颌关节的健康放在第一位，面容的好看放在第二位，这是我对根儿接受治疗的期望。没有颞下颌关节的健康，面容再美有什么意义呢？我可不希望看到根儿50岁以后用吸管进食啊！"

至此，我还有最后一个问题需要了解，只有了解了这个问题，我才能够做出最后的决定。我问李医生："为什么全国最有名的口腔医院颞下颌关节专科都不能够治疗颞下颌关节疾病，他们只能够让病人热敷和按摩，而你这里却已经有了如此精湛的技术和这么多治疗成功的病例？"李医生回应我："大学毕业后，我被分配到了一家公立医院做牙科医生，在工作中我觉得医生应该有更多的时间与病人交流，我需要保存更翔实的病人资料，我希望能够有更多学习先进技术的机会，我想按照自己的方式来为病人服务，然而这一切都不可能在公立医院实现，于是我在公立医院工作18年、职称到了'正高'后，辞去了公职，自己开了这家诊所。当我遇到颞下颌关节病变这样的病人之后，发现国内没有更好的方法治疗这类病变，我就参加了一个费用不菲、历时三年的RW矫正培训班，由这门技术的发明人——已80余岁的威廉姆斯·鲍勃教授为首的医生团队授课，将世界上关于颞下颌关节的最权威的知识带给了我国的首批36位医师，他们同时还到美国参加学习，也到韩国、俄罗斯等世界各地参加这类学术交流活动。你以前去过的口腔医院的颞下颌关节专科，现在也应该有这样的治疗技术了。我是在基层第一线的医生，对于病人的各种问题，我要寻找可靠解决的方法。我是一个充满爱心和向佛的人，希望给每一个有缘的朋友解决问题，解决好问题。这些是我学习、工作的动力和原因！"在李医生的讲述中，我看到了他有信仰、真诚服务于病人的高贵品格，也看到了他对高品质技术的追求，这是我多年来希望寻找到的医生，我当即签下了治疗的合同。

我们的交流进行了一个多小时，这种专业而又耐心的交流是我之前从未遇到过的。在这段时间里，没有人来打搅我与李医生的交流，这是完全属于我与李医生的时间。我感受到求助者得到了医生的尊重，这样的尊重在其他医院却是如此的稀缺。在李医生的诊所里，每一个前来寻求帮助的病人，都是这样的贵宾级别待遇！

根儿在深圳开始了长达三年的治疗过程。治疗颞下颌关节病变的过程中，最艰难的是根儿需要克服面容变化带来的自卑心理。在这个阶段，李医生为根儿制作了一个厚厚的牙套，横贯整个上牙，要求根儿必须24小时戴上，只有吃饭时才能取下。戴上这个牙套后，根儿的整个嘴形变得凸起，像一个"猪拱嘴"。每天，根儿都这个样子到学校去上学。"妈妈，我这个样子怎么见人啊！"对于正在经历青春期的男孩来说，面容变丑带来的心理压力困扰着根儿。我安慰他："这只是暂时的。如果不经过这个阶段，你的关节不会好。我们坚持半年就可以取下牙套了！"每次吃饭后，根儿要清洗牙套和牙齿，否则口腔里就会有难闻的气味，这让根儿感觉很麻烦，但他还是坚持做得很好。

每隔三四周，我们都要去诊所复诊。每次在预约好的时间达到诊所，都让我有一种奇怪的感觉：诊所里怎么这样的安静？好像这个时间只是属于根儿和李医生的时间。以前在成都L医生开的诊所矫牙时,每次预约复诊的时间都是只有某一天,没有具体到这一天的几点钟;每一次去复诊,诊所里都是人山人海,每个人都要排队等上一两个小时才能够复诊,浪费了我们大量的时间。后来我才明白,诊所与病人预约时间应该准确到具体几点钟,这个时间属于预约的病人;每一个病人都在预约的时间才到达,这样诊所里自然安静有序。这是诊所最基本的管理制度。了解到这些,我更加怀疑了L医生获得的洋博士学会到底是理论博士,还是临床博士,显然,她的预约制度没有具备临床医生应该具有的基本素养,那么,她是否真的经过了临床口腔医生的训练,要打个问号。如果她经过了正规的训练,但却不按照正规的预约制度预约病人,说明了她不愿意控制病人就诊的数量,一心只想着赚钱,这是对病人极其不负责任的行为。

在李医生为根儿进行治疗期间,每一次复诊时,在检查了根儿的情况之后,李医生都要对牙套进行一些微小的修整,用机器打磨一些细微的地方。就这样,根儿的治疗进行到第三个月结束时,奇迹发生了——根儿的颞下颌关节酸痛明显缓解!根儿每天早餐时遭受的痛苦终于结束了!当我把这个喜讯报告给李医生时,他告诉我:"三个月就是见效果的时间,看来根儿的治疗是有效的!"这么多年来,我期盼的时刻终于出现了,我对根儿的痊愈充满了希望!由于根儿颞下颌关节病变时间太长,本来在半年就可以取下的牙套,为了保证治疗效果的稳定,我们遵从了李医生的建议,一年之后才结束了颞下颌关节的治疗,根儿终于取下了牙套,根儿不再是"猪拱嘴"了!

接下来,李医生对根儿的治疗进入到了第二个阶段,根儿的每一颗牙齿上被粘上了矫正器的锁槽,再将上下牙调整整齐之后,李医生用最新的种植支抗技术,将两颗微型钛钉固定在非牙根之间的下颌骨上,使种植支抗钉不影响所有牙齿的前后向移动,再用弹簧牵拉所有的牙齿向某一方向移动的方法,对根儿的中线、反颌和上下牙的咬合进行调整,在最快的时间里完成这个阶段的治疗。相比以前的无能为力的牙齿矫正,达到了快速而精确地移动牙齿，达到了矫正目标。

其间，李医生对根儿的口腔清洁要求很高，必须要清理每一顿饭后的食物残渣，稍有疏漏，就会延误治疗的时间。但是，尽管根儿每次饭后都认真清理，还是发生了一次微型钛钉处的感染。这次感染虽然不太严重，还是导致了延误治疗近一个月的时间。

2012年9月，根儿即将离开深圳到英国上学，治疗不得不提前结束。李医生告诉我们："如果时间再有半年到一年，根儿牙齿上下中线的恢复会更加完美。我已经尽力了，时间还是不够啊！"对于这三年的治疗效果，李医生给自己打了97分，我们给李医生的是满满的100分！自此，根儿终于摆脱了颞关节疼痛，上下牙的咬合也正常了，中线基本对齐，根儿的容貌也发生了明显的变化，面部的歪斜有了明显好转。我们再也不用等到根儿以后挣够钱来治病了！

按照正常的治疗时间，根儿还应该戴保持器两年，以稳定治疗的效果。因为根儿出国的原因，只有到英国继续了。李医生为根儿制作了保持器，要求根儿每天24小时戴，一年之后才可以在白天取下，夜晚戴上，再持续一年之后就可以结束全部治疗。根儿到了英国后，听从李医生的建议，依然坚持戴保持器。每年回国时，根儿都会去李医生的诊所进行复查。一切都在李医生的掌控之中，根儿的容貌还在继续发生着变化。李医生告诉我们，根儿的面貌会越来越好。现在，根儿的颞关节疾病已经完全治愈了。

李医生的建议

在为根儿治疗的过程中，我开始关注到有很多孩子都有颞下颌关节疾病，有的父母不知道该寻找什么样的医生，也不知道什么样的医生才能够真正为孩子负责，于是，我请李医生就国内国际的口腔矫正医师资格情况做了简单介绍。以下文字是李医生提供的真实可靠的信息，希望可以帮助到正在为孩子的口腔问题犯愁的父母。

　　口腔矫正医学在国外已有一百余年的历史，而我国于20世纪80年代中期才在国内主要的大专院校陆续开展口腔固定矫正（80年代前也有，不过是活动矫正器，效果特别差）。国内的口腔矫正医学从起步到今天，30年时间与世界的先进专业技术比较，差距已经明显缩小，个别医疗结构、个别项目差距已不明显。

　　颞下颌关节疾病在国内外的口腔医学教育中一直是难点，是口腔医学界的边缘学科。难在颞下颌关节位置在颌面部的深处，周围结构复杂，病因、产生过程、转归等由于位置太特殊我们没法认识；有些优秀的医生经过临床实践和研究提出了能解决问题的方法，因太复杂不利于临床操作或过于抽象不为主流所接受（比如RW矫正法）；同时，该疾病虽然拥有高发病率，但对人类的影响不大，极端病例也不多，即使发生，也可以归于心理问题，可以采取理疗、简单合板治疗，大多可以改善，所以我们多习以为常！

　　在欧美发达国家，医生分为全科医生和专科医生制度。全科医生是可以治疗80%以上的常见病，而一些疑难杂症则转给专科医师去治疗。当然，全科医生收费往往便宜；而专科医师则经过一些特殊培训，具有某一专科疾病治疗的专长，收费较高。口腔矫正医生是专科医师！

　　国内外矫正医生的培养皆是大学毕业后教育，即通过研究生课程或一年以上的专科培训后成为口腔矫正专业的专科医师；但是这门学科是治疗周期特别长的学科，每一个病例的治疗需要两到三年才能完成，认识和经验的获得周期长。所以，即使是专科矫正医生也还要在病人量保证的条件下需要十年以上的磨砺方可成为一个优秀的矫正医生。但国内的执业医师法又没有专科医生的规定，只要考取了执业医生证，就可以做相应专业的医生，不管是专科还是全科；在管理不到位和利益驱使下，矫正医生良莠不齐！

医学技术是需要时间和实践的积累，不是一蹴而就的！而每一个医生对知识的把握、新知识的再学习和消化以及医疗经验的积累的不同造就了医学专业的不断分化，同时也产生不同能力的医生、不同的关注点和不同的流派。国内矫正医生更多关注的是怎么移动牙齿，而对于极少数临床病人产生的关节问题没有注意，同时治疗手段不多。当然，从学术上来说，关节和下颌位置与牙齿矫正有没有关系一直在争论。我是赞成关节和下颌位置与牙齿矫正是有关系的！

给口腔患儿父母的建议：

建议1：儿童正畸的最佳时间一般在10~14岁，男孩一般比女孩要稍晚一点，观察最佳正畸时间的最好指标为第二恒磨牙的完全萌出。只要牙齿健康，终身可以矫正牙齿。美国齿k矫正学会建议：每个孩子都应在7岁以前做一次矫正评估筛选，它可让医生对孩子的牙颌状况和将要萌出的恒牙做出预测和监测，一旦有牙颌畸形倾向，就可即时选择治疗时机。

建议2：父母要为孩子选择专业的医生矫牙，错位畸形的矫治必须由专业的口腔正畸医师操作，矫治力才能运用得科学、合理，而不会损伤牙齿。

建议3：如果婴儿是人工喂养，奶嘴要穿孔适宜，不要穿孔太大，保证婴儿吸吮时能够有用力的空间，有利于婴儿颌面的发育；用奶瓶喂奶时，奶瓶不要向上竖得太直，否则就会过分压迫婴儿的上唇和上颌，吸吮时婴儿就会使下颌努力前伸，人为造成乳牙反颌（地包天），若奶瓶向下过低，就会压迫下唇和下颌，造成下颌后缩，从而抑制了下颌的生长。

建议4：母乳喂养的婴儿，母亲哺乳时不要将乳房与孩子的面部偎贴太紧，否则会导致乳房对婴儿面部的压迫，长此以往也会影响婴儿颌面部的生长。

建议5：孩子应该吃一些粗糙耐嚼、有一定硬度的食物，可以加强咀嚼器官的运动，增强咀嚼功能，促进咬合、颌面的正常发育。

建议6：孩子在乳牙萌出前后，父母应该每日早晚用干净的纱布缠在小指上，蘸上温开水，帮助孩子清洁牙龈和萌出的乳牙，保持口腔的洁净，给乳牙的萌出和生长提供一个良好的环境；另外，在孩子进食后喂温开水，可以起到冲洗口腔的作用；在孩子3岁前就教会他使用牙刷，学习保持口腔卫生；乳牙的疾病要及时治疗，当发现乳牙有了龋齿，要及时治疗。

建议7：6岁前后开始换牙，12岁左右换牙结束，这是预防龋齿的重要阶段。预防龋齿可先行做窝沟封闭防龋术，同时，教会孩子正确的刷牙方法，并坚持用儿童含氟牙膏早晚刷牙。此外，多食用一些有硬度的纤维食物，保持口腔卫生。

建议8：孩子长期存在吸吮手指、吐舌头（舌头经常垫在上下前牙之间）、舔舌（用舌舔下前牙的舌面或松动的牙齿）、咬下唇、咬上唇、偏侧咀嚼（由于一侧磨牙有病痛，长期用另一侧咀嚼）和口呼吸（张嘴呼吸）等行为习惯，这些习惯都容易导致颌面和牙齿发育出现问题，父母在寻求牙医帮助的同时，还需要寻求心理医生的帮助。

建议9：当刷牙不能完全清洁牙缝间的污垢及食物残渣时，可以使用牙线，牙线是清洁牙缝的最佳工具。牙线的具体使用方法是：让牙线慢慢滑进牙缝内，将牙线紧贴着牙面上下内外轻轻拉动，注意不要拉伤牙龈，顺着次序清洁每一个牙缝，就能够全面清洁牙缝间的污垢了。

建议10：每年最少要约见牙医1~2次，定期为孩子和你自己检查口腔，让孩子将见牙医视为惯例，不要为孩子塑造"大事件"的感觉，避免提及钻牙齿和打针等字眼，在安排孩子和牙医见面时，需要挑选孩子精力充沛的时间段。

建议11：限制孩子对酸性饮品的摄入，比如可乐、运动饮料、鲜果汁、果汁饮品等，这是保护孩子牙齿的必备措施。

Chapter 3
离家求学的得与失

如果要计算带根儿离家求学的得失，我的答案是得七失三。根儿上了心仪的大学，我找到了自己的事业，孟爸改变了旧有的教育观念。离家11年之后，我们更加珍惜彼此！

我为什么要带根儿离家求学

根儿是一个特别的孩子

根儿小的时候，父亲就多次告诉我："根儿与其他孩子不一样！"刚开始我认为根儿是父亲的第一个外孙，他对根儿有着非同一般的爱，所以他会认为根儿与其他孩子不一样。有一天，父亲再次提及，要我们好好培养根儿。我问父亲："您觉得他有哪些地方与其他孩子不一样呢？"父亲说："他记忆力超强，这么小的年龄就会把学到的知识恰到好处地运用，这是一般孩子做不到的。""您又没有这么细心地带过别的孩子，您怎么知道只有根儿才具备这样的能力呢？""我活到现在，又做了几十年的医生，见过很多小孩，我当然知道根儿与别的孩子不一样！"他的多次提醒也让我开始关注根儿的特别之处。

我的父母亲手带大了我们三姐弟的孩子。在根儿9岁的时候，父亲告诉我："在我的三个孙儿中，根儿将来是最有出息的。"父亲一直坚持自己的看法。一次，我和父亲说起想让根儿到新加坡上学，父亲当即反对："根儿如果到新加坡上学，就太浪费他的天赋了！他将来能够成大器的，新加坡太小，他至少应该去美国和英国！"

根儿对世界的好奇心和探索能力让我惊讶，他在5岁前就提出"一个苹果平均分成四份，其中一份怎么表达""人是从猿变来的，现在动物园的猿猴为什么不能够变成人""地球的重量能够用什么秤来称"……根儿上学后的学业成绩同样令我吃惊，他总是轻松获得第一名。我曾经多次问孟爸："你们家里有这么多的侄儿，有没有像根儿这样特质的啊？"孟爸想想说："没有发现。"与同事在一起谈论孩子的时候，我也会关注根儿与其他孩子的不同之处。渐渐地，我相信了父亲的话。

我相信，根儿是上天赐予我的珍贵礼物，我不能辜负了他，我一定要尽我所能，为他提供最好的教育，于是，我在这片教育的沼泽地里，苦苦寻找适合根儿的教育环境，这是我几番择校的根本缘由。

寻找适合根儿的教育

根儿上幼儿园的时候，一次，老师让我写一篇"教育的感悟"，用于幼儿园对外投稿。这次活动一共有十几位家长参与，每一位被选上的家长都获得了一本卢勤老师的书，幼儿园老师让我们看了书之后，写出自己的感想。现在，我已经不记得这本书的书名了，但是，这本书让我第一次看到了与传统不一样的育儿观念和方法，狠狠地冲击了我的内心，我当时非常激动，写下了我对教育的第一篇感悟。不过，这篇让我自鸣得意的文章最后落选了。

第二个冲击波来自孙云晓老师的《夏令营的较量》这篇文章。这篇文章让我开始思考，根儿未来将要成为一个怎样的人？我们的家庭教育和学校教育存在的问题是什么？那个时候，我还是满脑袋的疑惑，看不清我们教育的问题到底出在哪里。

第三个冲击波来自刘亦婷母亲所写的《哈佛女孩刘亦婷》。我看到这本书的时候，根儿刚上小学不久。这本书给我带来了一个希望——成都的女孩都可以去哈佛上学，根儿也一定可以上世界名校。看完这本书之后，我只有一个想法：根儿一定要到成都外国语学校读书，然后出国留学。当时我已经对国内的学校教育深感失望。

第四个冲击波是黄全愈先生写的《素质教育在美国》。这本书让我对真正的素质教育有了了解，对西方先进的教育理念和方法有了真正的理解。反思了我自己在国内接受的高等教育之后，我坚定了让根儿高中毕业后出国留学的信念。

当我决定了让根儿高中毕业就出国留学时，根儿还在上小学。我们开始对他未来的学业进行设计和规划，因此，根儿上小学三年级时，我们就来到成外附小学习。当时，我们的家庭经济情况一般，所以我们为根儿确立的留学原则是必须正式考取国外的大学，一定要获得奖学金。

对于我们这样的普通家庭来说，当时只有通过成都外国语学校，才能获得正式出国留学的机会。但是，进入成外之后，我们发现，要通过国内的高考进入世界顶级名校，是非常不容易的，需要付出很多学业之外的努力。比如，当年成外有一个被美国顶尖大学录取的孩子，他在自己的老家开了一个小超市，将超市赚的钱用于支持贫困孩子上学，这样的事迹成为这所大学录取他的一个重要条件。我们无法支持根儿做成这一类公益活动，仅凭学业成绩申请美国的顶级大学，我们觉得没有把握。虽然我们当时还不知道根儿未来是否能够进入世界顶尖大学，但是无论如何，根儿在成都外国语学校打下了非常扎实的英语基础，这是出国留学最重要的条件之一。

直到深国交进入了我们的视线。这是一所帮助孩子进入世界名校的学校，我们相信只要进入了深国交，凭着根儿的学习能力和人格品质，就一定能够实现我们的目标。就这样，我们怀揣着世界名校的梦想，一步一步地向目标靠近。在根儿逐步迈向剑桥大学的同时，我们家庭的经济状况也在慢慢改善。曾经，我与孟爸讨论："如果剑桥大学没有给根儿奖学金，而其他大学有奖学金，我们选择谁？"孟爸坚定地回答："当然选择剑桥大学，就是卖掉我们的住房，也要支持他！"最终，我们实现了剑桥大学的梦想，也保住了自己的住房。

父母要为孩子的发展进行"设计"和"规划"

回顾这十多年的择校经历，给我的感悟是，父母要根据孩子的情况，对孩子的成长有所"设计"和"规划"。我在"设计"和"规划"这两个词上加了引号，意思是：父母不可以按照自己的需要来设计孩子的人生，而是要在孩子天赋的基础上，尊重孩子的意愿，来帮助孩子完成对自己成长的设计与规划，帮助孩子一步一步地实现梦想。

孩子就像一块不起眼的璞玉，父母好比是雕塑家，如果不懂得正确的雕琢技艺和美的构想，我们将无的放矢。

在为孩子设计和规划中，父母要避免功利心作祟。我们为孩子设计人生的目的是为了孩子成为他自己，而不是让孩子成为我们设想的某个人；如果把孩子作为满足我们需要的工具，父母就是功利的。比如，根儿热爱厨艺，也有厨艺天赋，将来他想做一名厨师，如果我们不顺应根儿的天赋和意愿，而是觉得根儿做厨师让我们丢脸，我们一定要他成为钢琴家或者工程师，这样我们才有面子，这就是把根儿作为满足我们欲望的工具了，这就是功利。

在十多年前，我和很多父母一样，将孩子未来的学业放在了非常重要的位置，几乎霸占了孩子全部的成长空间，这是我缺乏正确的养育观念导致的。带着根儿离家求学，虽然让根儿走进了世界最高学府，但也给根儿带来了成长的缺陷。现在反思这一段，我觉得是鱼与熊掌不可以兼得，无奈之下我只能够二选一。当初，如果昆明也有像成外附小和深国交那样的学校，我们就可以不用离家求学，根儿既能够享受孟爸的爱，也能够享受到好的教育，他的成长也就不会有那些遗憾了。

寻找自己的价值

在我结婚生子后,得益于孟爸的努力,家庭生活水平相比我的大学同学好了很多,但我还是对自己的生命状态不满意,这种不满意导致了我的不快乐。孟爸一直不理解我为什么不快乐,他觉得我们已经很幸福了。

孟爸曾经问我:"你到底还需要什么,才能够让你感觉到快乐呢?"

我:"不是你的原因,是我对自己不满意。我没有找到自己的生命状态,所以,我不快乐!"

孟爸:"你要什么样的生命状态?"

我:"我说不清楚,可能只有找到我才能够说清楚。"

孟爸:"如果去到成都你也找不到,怎么办?"

我:"我至少可以受限制地上班,我可以读书和思考,精神获得自由。"的确,那个时候,我在追寻自我,却不清楚真正的自我是什么样的。

当年,带根儿离家求学的目的不仅仅是为孩子,也为了我自己。根儿7岁那年,有一天晚餐后,我像往常一样洗碗、抹桌子、扫地(结婚以后我包揽了所有的家务),此时,根儿与孟爸在客厅聊天。当我在客厅扫地时,孟爸和根儿聊到了男人和女人做的工作不一样,根儿带着有些不屑的语气说:"妈妈就是女人,女人就是每天煮饭、洗衣服、打扫卫生。"根儿的这句话掀开了潜藏在我内心深处对自己生命状态的不满。曾经,我以为结婚生子后的幸福感可以让我找到精神的归属,根儿的一句话让我明白了我的精神依然在流浪,我开始认真地思考自己的生命价值何在,也开始思考我在根儿心目中的价值何在。那一年,我已经37岁。

我当时并不清楚自己带着根儿离家之后,是否能够找到自己的生命价值,但是,我清楚自己对当下不满的生命状态。未来会怎样,需要我去寻找,如果不与当下做一个了断,哪有未来?抱着这种看起来简单而且幼稚可笑的想法,我给自己画了一个底线:到成都后,我找一份半天的工作挣钱,另外半天我读书、写点文章、看电影、喝茶……总之，做点能够让自己精神愉悦的事情，这半天的自由时间是我幸福感的基础。而我具有的执业医师资格可以轻松找到一份工作，到诊所或者民营医院做儿科医生，这样的状态比起我当时上班——每天做着自己讨厌的事情——要好上千倍。

当未来不确定的时候，恰恰存在无限的机遇。想好了底线，就会心无恐慌，平静地面对未来。所以，当初我怀揣着新的梦想，对未来有着无限的憧憬，离开了昆明，带着根儿来到成都求学。在根儿进入成都外国语学校附属小学的第一天，让我实现生命价值的机会就来到了，至此，我的灵魂安静地待在了肉体里，不再流浪，我的生命状态也完全改变。我在根儿面前展现出全新的自己：内心有梦想，有激情，每天都做着自己喜欢的事情。

父母是孩子的榜样。在家庭里，孩子会从父母的精神气质中吸取营养，建构自己的价值观和人生观，如果我以没有价值感的生命状态呈现在根儿面前，如何能够让根儿从我的生命中获得健康向上的精神营养呢？我考上了大学，也做了医生和教师，在很多人看来我是幸运的，但是，我没有获得生命的满足感和幸福感。马斯洛的需求层次理论将人类的需求分为五个层次，像阶梯一样从低到高，按层次逐级递升，分别为：生理上的需求、安全上的需求、情感和归属的需求、尊重的需求和自我实现的需求。如此看来，我的需求停留在了第四个层次上，只有获得自我价值的实现，我的精神才能够找到归属，我才能够感觉到生命的充实和幸福。

我期望根儿将来不仅仅有好的学业，更重要的是，他要清楚地知道自己想成为一个怎样的人，找到自己人生的方向，不要如我一般迷茫。如果我希望引领根儿到达最高的精神层次——自我实现，那么，我得努力完成自己的自我实现，只有我每天的幸福是从生命的本质中渗透出来，我的精神气质才能够为根儿输送高级的营养；只有我走过了自我实现的历程，我才能够得知其中的奥秘，才能够引领根儿。

离家求学带来的遗憾

孟爸与根儿在一起的日子

孟爸无条件地爱着根儿。这份爱让根儿认为自己是爸爸的唯一，是爸爸的生命，是爸爸的一切。父子俩的谈笑中，孟爸常常向根儿"表决心"："狗狗（孟爸对根儿的爱称）的幸福就是爸爸的幸福，狗狗的需要就是爸爸的需要，狗狗要我干什么我就干什么！"每天，孟爸都会痴情地问："我的狗狗，想吃什么告诉爸爸，爸爸去买来给你！"只要根儿求助，孟爸就会呼叫着奔过去："狗狗，爸爸来了，爸爸来帮你！"……

在我们搬到翠湖新居之前，我们家离根儿的幼儿园比较远，每天都是孟爸骑车接送他。每天早上，根儿愉快地与孟爸一起出门，他坐在自行车的前面，被孟爸的身体包围着，在路口遇到红灯，根儿会伸出食指横在孟爸眼前，告诉孟爸停止前行；绿灯一亮，横着的食指立刻指向前方，示意孟爸可以通行了。坐爸爸的自行车是根儿最愉快的一件事情。

根儿上小学之后，从我们家到学校只需要步行十多分钟，那个时候根儿喜欢骑他的小自行车，每天早上去学校都要骑自行车去，孟爸就穿着运动衣，跟在根儿的自行车后面跑步，把根儿送进学校之后，他再拉着小自行车回家，正好锻炼身体。每天放学也是孟爸去接根儿。根儿喜欢四驱车和搭建拼图，每天放学路上，孟爸就会给根儿买回一个新的木质拼图，也带根儿去四驱车小店玩上一会儿，还带根儿到路边的一家进口食品专卖店转悠。而我就在家里做好饭等他们回家。

晚餐后是我们一家人散步的时间。睡前，孟爸还会给根儿读《孙悟空三打白骨精》的故事。这个故事在根儿的要求下，孟爸读了很多遍，持续了差不多一年半时间，直到根儿识字以后，才停止了睡前阅读。

从根儿上小学一年级开始，每周孟爸会给根儿讲两个成语故事，因为孟爸学的是中文专业，他在历史、地理和文学方面的知识比我要强很多。根儿很快就记住了很多成语故事，并且还在日常聊天中开始运用。我们离家到了成都之后，孟爸给根儿买了两本成语故事集，要求根儿每周坚持学习两个成语故事。每个周末，孟爸都会打电话给根儿，让根儿讲两个新学的成语故事。这样的故事电话，坚持了两年。

有孟爸陪伴我们的日子，家庭生活井井有条。孟爸的幽默能够减轻我工作上的压力，也减轻了我带根儿的压力，只要孟爸在家里，他都尽心陪伴根儿玩耍。那个时候没有电脑，也没有手机，我们虽然不富有，但生活宁静而安逸！

根儿对孟爸的思念

在做出离家求学的决定时，我完全没有考虑到根儿与孟爸之间的情感。当时不懂得孩子的身心健康成长离不开爸爸的陪伴，认为只要有我在根儿身边，他就不需要爸爸了。现在我才明白，忽略父亲对孩子成长的影响是错误的。

来到成都之后，我们原有的生活秩序被打乱了。虽然我也在学校医务室工作，但能够与根儿相处的时间非常有限，每天下班之后已经是夜里9点半以后。我刚到成外附小工作时，与几位老师合住在一套学生宿舍里，根儿则住在学生宿舍，只有周末时回到我父母家里，我们才能够团聚。对于9岁的根儿来说，生活环境的巨变让他措手不及，仿佛一夜之间失去了温暖的家，也失去了父母的爱，根儿再也享受不到孟爸的怀抱，享受不到每天与孟爸相处的分分秒秒，再也没有一家人在一起的晚餐，再也不能够每天听到孟爸喊他"狗狗"……虽然周末能够与我团聚，但是我当时的忙碌和对新环境的烦躁，让我没有心力对根儿付出爱。

每一次放假回家，孟爸特别珍惜我们在一起的时光，每天下班后，他都会早早回家陪根儿玩，还专门去采购根儿喜欢吃的牛肉和水果蔬菜；根儿长大一些后，每天晚上父子俩还会一起去台球厅打台球。每一个假期，孟爸都会休假1～2周，开车带着我们到各地旅游。有些时候，我们在旅游途中还会参加农家乐，孟爸会带着根儿到菜地里采摘新鲜蔬菜，到鸡圈里捉鸡……

假期总是那么幸福而短暂。当离家求学的第一个假期结束后，我们返回成都，晚上睡觉时，我发现根儿躲在被子里强忍着不让自己大声哭出来。"怎么了，根儿？"我不明白根儿为什么哭。"呜呜呜，我想爸爸了！我们为什么要来成都？呜呜呜……"我这才猛然醒悟自己当初的决定里，竟然没有考虑到根儿对孟爸的依恋。我把根儿抱在自己怀里，内心是深深的愧疚，可是，我们已经无法回头了。我对根儿说："你想爸爸，想哭就大声哭吧，不要憋着。妈妈也想爸爸。"根儿放声大哭起来……

在那天晚上，根儿第一次因为想念爸爸而哭泣。这不是最后一次。根儿的哭泣成为我反思离家求学的起点。我一直想问根儿一个问题："妈妈把你和爸爸分开，带你离开家上学，让你没有享受到足够的父爱，你责怪妈妈吗？"然而，我却害怕听到根儿的回答，害怕面对根儿的答案。这个问题在我的心里一直憋了好多年，直到根儿考上剑桥大学之后，我终于鼓起勇气向他提出了这个问题，然后忐忑不安地等待着根儿的回答。根儿平静而真诚地说："我没有责怪过你。我知道爸爸不能够来陪我们是为了赚钱养家，他必须工作。你们都是为了我才这样做！"听到根儿的回答，我就像一个多年的囚犯终于听到自己被赦免的消息。至今，想起根儿的回答和他当时的眼神，我都会流下眼泪。

在成都上学那段时间，孟爸来陪伴我们时，根儿总喜欢对孟爸撒娇，在爸爸怀里嗲声嗲气。我觉得根儿是男孩，不应该这般发嗲，每次他对孟爸撒娇时，我都会生气地制止他。但根儿还这样撒娇持续到小学六年级。

有一天傍晚，我强压住怒火，不允许已经长大的根儿与爸爸撒娇。我让根儿去球场投篮，自己拉着孟爸去到学校的操场散步。在操场上我大声地对孟爸说："我讨厌他这样发嗲，受不了，像个女孩儿一样！"我没有想到，根儿此时也在操场玩，他完全听到了我的话。此时，他站在操场的阶梯座位上，大声对我说："我讨厌你背地里说我的坏话，讨厌你！"

现在，我才明白，根儿从9岁起就与爸爸分离，与爸爸聚少离多，他的撒娇是在弥补自己对爸爸的思念之情，用自己的方式舔舐心灵的创伤，修复自己的情感。从那次之后，根儿很少对爸爸撒娇了。当年，我因为无知，粗暴地伤害了根儿的情感需要，破坏了根儿修复情感的机会，至今我都没有机会弥补根儿离开爸爸之后的情感缺失，成为我内心永远的遗憾。

孟爸对根儿的思念

在根儿思念孟爸的同时，孟爸也承受着思念根儿的煎熬。孟爸每天一个人下班后回到空荡荡的家，没有了根儿的笑脸，没有我为他做饭洗衣，生活了无生趣，他会无比孤独。然而，当初我在做出离家求学的决定时，没有想到孟爸要苦苦挨过十一年的孤独生活。

在没有我和根儿的日子里，孟爸很多次生病都没有人照顾。有一次，他高热不退，自己在家里躺了一天，夜里病情加重，只好打电话给住在我们楼上的同事，同事才将他送进医院。好几次住院也都没有人照顾，孟爸不愿惊动家人和同事，他还玩笑似的告诉我，住院时同病舍的病友都以为他是独身，没有亲人。然而，孟爸却从来没有埋怨和责备过我，让我一直以为他一个人的生活过得很好。有时候我会愧疚地对孟爸说："如果我可以分身就好了，你和根儿我都能够照顾到。"孟爸总是笑着说："还是先照顾好儿子吧，我们老两口以后有的是时间。"

在一次孟爸醉酒后的呼唤中，我才知道了他内心的苦，才明白了他对根儿是多么的不舍。那时，我在成都参加了一个学校性教育推广的项目，孟爸来成都看我们时，项目组派我和另外一个工作人员到汶川讲课，我让孟爸和我们一起去了汶川。当地的学校领导接待了我们，在晚餐时，孟爸高兴地与学校领导喝酒——这是我们结婚多年来他第一次喝醉。回到宾馆里，孟爸在醉态中痛苦地大声地喊道："你还我儿子，你让我们父子分离，抢走了我的儿子，还我儿子！还我儿子！……"酒后吐真言啊！此时此刻，我才猛然醒悟我当初的决定完全没有顾及孟爸的感受，没有考虑到他内心的孤苦，我真心觉得对不起孟爸。在孟爸清醒之后，我告诉他："当初我不知道带根儿离开你，会让你如此痛苦，你要原谅我。等根儿考上大学后，我一定回家陪你，为你煮饭洗衣服，我们再也不分开！你不要再恨我了！"孟爸让我不要多心，他只是在说醉话。只有我知道，那不是醉话，的确，我剥夺了孟爸陪伴根儿成长的美好时光。

在外漂流了十一年之后，根儿到了剑桥大学读书，我回到了昆明的家，和孟爸幸福地生活在一起。每天早上，我们一起锻炼身体，买菜；每天晚上，我们十指相扣在翠湖边散步。我们相约要一起健康地生活三十年，弥补我们曾经失去的岁月。然而，根儿再难有机会享受到孟爸的温暖情怀，他曾经错过的温暖再也无法弥补。虽然根儿的话让我有了被"特赦"的感觉，但是，一想到根儿缺失的父爱，我内心却始终有愧，这样的愧疚并不会因为根儿考上剑桥大学而消失。

"非典"之后的小男人

2003年，"非典"来袭。当时，我和根儿来到成都上学已经两年，我在学校医务室工作，"非典"期间医务室的工作异常繁重，加之担心根儿被传染上非典，我们决定让根儿回到昆明。送走根儿之后，我留在了成都抗击"非典"。根儿和孟爸愉快地生活了近两个月，在这期间，根儿到四驱车店"打工"，不上学的日子的确让根儿舒服和愉快。

临近期末考试时，根儿回到了成都参加考试。看到根儿巨大的变化，让我不得不承认，离开父亲两年之后，根儿的男性气质发展受到了严重影响。与孟爸生活两个月之后，根儿走路，说话，做事情时挽起袖子的动作，还有随时随地透露出来的肢体语言，这一切都充满了男性的力量感，都在告诉我一个事实——根儿从孟爸身上承接了男性气质！在这之前，根儿虽然不是娘娘腔，但是男性气质中的力量感不像这般明显。我在欣喜的同时暗自观察，希望力量感就此常驻根儿的生命之中，然而，三个月之后，根儿又恢复了之前的模样。

在我研究儿童的性心理发展之后，我才明白，男孩从幼年开始就会将父亲作为成长的榜样，在模仿父亲的过程中形成自己的性别气质；如果家里缺失男性榜样，男孩就会以母亲为模仿对象。根儿离开孟爸时刚9岁，正是性别气质成长的重要时期。根儿缺失了孟爸作为男性的榜样，至今，根儿虽然温文尔雅，外表气质中还是有些缺失孟爸具有的刚毅和力量感，这是根儿成长的缺憾。

原来外国也有这样的爸爸

当我发现了根儿的成长缺憾之后，深知这样的缺憾难以弥补，内心被深深的负罪感所缠绕。在一次与李跃儿的聊天中，我道出了自己的痛苦。李跃儿告诉我："虽然爸爸陪伴孩子成长是最好的选择，更重要的是孩子心里是否有爸爸。"这句话让我的内心轻松了许多，我知道孟爸与根儿在一起的每一分钟，他都是全身心地陪伴孩子，给根儿带来幸福和快乐。但是，我不确定根儿的心里是否有爸爸，也不知道有什么方式来了解根儿的内心，我不能去问根儿："你的心里有爸爸吗？"这种生硬的方式并不能得到真实的答案。于是，这个问题一直悬在我的心里。

在根儿到深圳读书之后，有一天，我和根儿一起看美国动画片《猫和老鼠》：杰瑞惹怒了汤姆后，躲进了正在睡午觉的狗宝宝旁边，汤姆想抓住杰瑞，吓醒了午睡中的狗宝宝。听到狗宝宝的叫声，狗爸爸从午睡中醒来，愤怒地赶走了汤姆，然后，无比温情地将狗宝宝拥在怀里，双目温柔地注视着狗宝宝："睡吧，儿子！"狗爸爸把自己的臂弯当摇床，轻轻地摇晃起狗宝宝来……狗爸爸的那份爱感动着我们。

看到这个情节时，根儿发出一句深深的感叹："原来外国也有这样的爸爸啊！我一直以为只有我才有这样的爸爸！"突然之间，我得到了一直想要的答案——孟爸一直在根儿心里。孟爸在根儿心里一直是这个世界独一无二的好爸爸！即使根儿无法弥补成长的缺憾，至少，在根儿心里，爸爸的爱每天都陪伴着他。这样的感受带给我很大的心灵慰藉，减轻了我内心的负罪感。

夫妻情感的考验

离家前对夫妻感情的思考

当我决定带根儿到成都求学，直接面临的问题是与孟爸的长期分离。在长达半年的思考中，我需要自己能够明确回答这样一些问题："为了根儿，我要不要与孟爸分离？""分离之后，我与孟爸的感情是否会出现问题？""孟爸会不会变心，抛弃我们母子？""我会不会变心，抛弃孟爸？""假如我们的感情真的出现了问题，面临离婚，我能否承受这样的后果？""我已经辞去了公职，没有稳定收入，如果孟爸离开我，我如何生存？"在这些问题没有想清楚前，我不可以贸然行动。

我们分离的目的是为了根儿和我的幸福和未来。如果离婚，根儿将失去一个完整的家庭。在根儿的心里，我、孟爸和他三个人的家才是他心灵的归属，我们任何一方再婚后的家庭都难以成为他心灵的港湾。如果我与孟爸的情感出现问题，那么，离家求学的目的就会适得其反。想清楚了这一点，我告诫自己要全心全意对这个家负责任。孟爸对根儿的爱胜过一切，我相信他也会如同我一样，保卫根儿的港湾。我相信自己，也相信孟爸，相信我们的分离不会导致感情破裂。

但是，我也相信世事难料。假如我们真的走到了离婚这一步，我是否能够承担这个后果？这是离家求学最坏的结果。我清楚地告诉自己：我无法承担这个后果！如果真的出现了情感问题，我立即带根儿回到孟爸的身边，放弃离家求学，绝不让这个结果出现！

假如我真的无法挽回婚姻，孟爸离我们而去，我该如何养活自己和根儿呢？我有国家正规的医师执业资格证书，还有临床医学的讲师资格证书，我可以到私人诊所做医生，还可以到一些民营职业技术学校做老师，这样就可以挣钱养家。

当我想清楚了所有的后果，并且能够接受最坏的结果，我就不会患得患失，内心也随之而淡定。我带根儿离家求学之后，很多朋友和亲人都不理解我的行为，他们认为我是在走一着险棋——根儿不一定学有所成，孟爸极有可能变心，我们的家庭有极有可能破裂！因为之前已经想明白，也与孟爸进行了交流，所以，面对每一个人为我而起的担忧，我淡然处之。十一年的分居生涯，证明了孟爸和我都是值得信任的！

孟爸的爱与支持

单身公寓的纱窗

刚来成外附小做校医时，我与几位老师合住在学生宿舍里。因为我是后来者，只能住在一个通往阳台的过道里，过道面积不足7平方米，放着一张我睡觉的小床。每天，几位老师晾晒衣服都要经过这个过道，所以，过道里再也放不下其他东西。

孟爸第一次来到学校看我和根儿，看到我住在过道里，他的眼睛红了，憋了半天才说："家里有这么好的条件，你不愿意住，却要住在这样的地方！"那个时候，我们家已经是三室两厅两卫，属于住房条件比较好的家庭了。看到孟爸这样难受，我笑着说："我不在乎！只是每天睡觉的时候在这里，平时工作很忙，早出晚归，能够每天看到根儿，我就满足了。"

在成外附小工作一年之后，学校为我提供了一间30多平方米的单身公寓，两张单人床加上一张桌子和一个简易塑料衣柜，就成了我们在成都的家。这样简易的家已经让我们兴奋不已，比起我住在过道里，这已经是豪华级别的住房了。而且，根儿可以回家与我同住了！

但是，所有的单身公寓都没有安装纱窗。夏天的时候，因为没有空调，我们必须开着窗子睡觉，房间里会飞进来很多蚊虫。孟爸来成都后，看到没有纱窗，立即决定安装。我告诉他："不急，这么多老师都住在单身公寓里，学校会统一安装的，我们不必自己花钱啊！"孟爸说："只要我的老婆和儿子住在这里，就不能一天没有纱窗！不要等学校出钱安装了，这点钱我还是出得起的哈！"孟爸的话语让我的心温暖无比。远离孟爸的日子，我们真的非常期盼他带来的爱和温暖。

孟爸到达成都的当天下午，就去了离学校较近的犀浦镇，找来了安装纱窗的师傅。晚上，我和根儿回到家里，看到了已经安装好的纱窗。两年后，我离开成外附小，单身公寓的那栋楼，依然只有我们曾经住过的那一间安装了纱窗。老师们并没有等到学校出钱安装纱窗的那一天。

孟爸是我的减压器

在成外附小的日子里，我的压力来自两个方面：一个是我研究儿童性教育遭遇的压力，一个是对根儿前途的担忧。尽管我坚定不移地保护着根儿的学习热情，但是，我却没办法知道，这样保护的结果是否能够得偿所愿，离家求学的结果会好吗？每当我承受不住压力时，就会给孟爸打电话，他就像我的心理疏导师，给我减压，让我有信心继续走下去。

我在成外附小进行性教育研究期间，每个班每一学年只有两次课，学生们都很向往。有一次给一个五年级班的孩子上课，我一走进教室，孩子们就欢呼起来。当时，班主任也在教室里，她来到我面前，恨恨地看着我，问："你的课怎么还没有上完啊？！"我笑着告诉她："这是第二次课，这次课上完就结束了。等六年级的时候，我才会再给他们上课。"她反对我给学生讲课，但有校长的支持她不得不配合。然而，她却将怨气撒向学生："不要大声叫喊啦，安静！"欢呼声立即消失了，学生们噤若寒蝉，眼里露出不解的神色，他们不明白班主任老师为什么生气。

曾经，一些班主任知道我要给学生讲课，对我进行了诸多限制，不让我给学生看图片，告诫我什么内容可以讲，什么内容不可以讲。我平静地告诉他们："我能够把控好尺度。如果你们想了解我给孩子们讲的内容，你们可以来听课，然后再告诉我有哪些不足的地方，我改进！"我真的希望他们能够来听我的课，但是，这些对我提出质疑的班主任，从未来过我的课堂。

成外附小是全日制住宿学校，为了更好地了解孩子们的心理并配合我的研究，我与生活老师们经常联系，帮助生活老师一起解决孩子出现的问题。生活老师们也愿意提供孩子的情况给我，让我收集到了更多的第一手资料。但是，这番工作也开始受到了管理者的阻挠。有一天，在餐厅就餐时，一位生活老师正和我交流一个孩子的情况，生活部主任看到后，立即上前来干涉，她当着所有生活老师和工作人员，大声呵斥与我交流的老师："你说这么多孩子的情况干吗？小题大做！吃完饭快点离开！"我们立即停止了交流。此后，我不敢与生活老师过多地接触和交流，担心因为我使她们遭到领导的误解。

学校的户外洗手池旁，放置了几块肥皂，学生们把肥皂捏成一个个长条状，这成为了一些老师向校长诋毁我的材料。一天，陶校长找我谈话："老师们反映，一些男孩上了你的课之后，把肥皂捏成了长条状，你不觉得你的课有问题吗？"我不明白："肥皂被捏成了长条状，与我的课有什么关系？""那是男性生殖器的形状啊！"我差点晕倒，又好气又好笑，我对校长说："难道我讲课之前，男孩们都不知道自己生殖器的形状吗？他们天天在使用这个器官小便，难道看不见这个器官长什么样吗？"陶校长也笑了起来，没再说什么。

四年来，有太多的老师和家长支持着我，他们为我收集资料，提供案例，给予了我坚持的力量。一些无中生有的诋毁虽然让我很受伤，也让我学会了坚强。记得有一次，陶校长来到我的办公室，她很生气地批评我："我听老师反应，在我做手术这两个星期，你的工作不积极。还有，你在路上遇到其他老师不主动打招呼。你这样做不对！知道吗？"我很吃惊地问："你什么时间做了手术？身体怎么了？我还真的不知道啊！"然后我开始解释："我喜欢做性教育研究，这是我自己选择的事情，你在学校和不在学校，我都是一个样子，因为我发自内心地喜欢我的工作。我是在为我自己做事，不是为你在做事。如果我每天都打听你是不是在学校，然后根据你的行踪决定我工作的态度，我不是活得太累了吗？至于说我不主动与老师打招呼，主要是我每天走路都在思考我的工作，没有注意到哪些老师需要我见面就主动和他们打招呼。"陶校长还是很生气，看来她相信了谗言。

十一年的分居生活中，我与孟爸从未中断过每天的电话联系。每当我被诬陷和诋毁的时候，我会向孟爸倾诉。当太多的压力让我坚持不下去的时候，孟爸就会告诉我："如果这件事是你喜欢的，你做起来内心会感到很愉快，那你就坚持，不要管其他人的做法和看法；如果你觉得做这件事情太痛苦，不是你想做的，那就放弃好了。""但我想做下去。""那就坚持下来，这些人无法理解你的追求，如果你与他们计较，你就降低自己的档次了！"孟爸的话成为我的精神支柱，让我在如此艰难的困境中没有放弃自己的追求。

当年，孟爸都觉得我对儿童性心理和性教育的研究是一个"登不得大雅之堂"的"小儿科"，他不理解我的研究对孩子成长的重要性，对父母们的帮助有多大，他与大多数父母一样，觉得只有那些出现了"性问题"的孩子，父母才需要学习我的《善解童贞》系列。这是他的误区。但是，孟爸的可贵之处在于，他虽然不完全理解我所做的事情，但却始终无条件地支持我！现在，他完全已经理解了我所做的事情，理解了我对儿童性教育的痴迷，理解了"善解童贞"对于家庭和孩子成长的意义所在。

孟爸在每一个长假都会来陪伴我们，每一次假期孟爸都会多请几天假，延长休假时间。在孟爸陪伴我们的日子里,家里常常充满欢声笑语。对于根儿的学业,孟爸总是那么乐观,常常对根儿说:"考不上大学没有关系,爸爸找一间铺面给你,开个西餐厅也不错,没有人来吃,爸爸就来吃。只要你健康快乐,爸爸就幸福!"孟爸的宽怀总是能够冲淡我对根儿前途的焦虑及其给根儿带来的压力。直到根儿进入深国交之后,我对根儿学业的焦虑才彻底消失。

孟爸教育观念的转变

我和孟爸结婚二十多年来,我们之间发生争吵只会因为一个问题引起,那就是根儿的品质教育问题。我始终坚持培养根儿正直品格和尊严感,为根儿寻找好的教育是让他未来能够有尊严地生活和工作,如此才能让根儿获得真正的幸福感。当初,孟爸对这一点却难以理解。每当我们谈到根儿的人格教育,孟爸总认为,我国的社会现实会让根儿未来失去出路,将来根儿会没有生存空间。我则坚持告诉他:"根儿会依靠自己的技术能力生存,他不会用自己的尊严来换得生存机会,就像我一样!"

可是,当初我做儿童性教育研究期间,是我人生最没落的阶段。因为坚持做儿童性教育,我被迫离开了成都外国语学校附属小学,没有了工作和收入,不知道未来会怎样。我有两年的时间在全国二十个城市开展免费讲座,进行儿童性心理发展的研究。这段时间我不但没有收入,还要花费孟爸的钱。孟爸看到我没落的样子,他又如何能够相信我说的话呢?!

孟爸是一个现实主义者。我是一个理想主义者。当初,我与孟爸的分歧让我非常痛苦,每次谈及这个话题,我们都无法沟通,让我真正地领略了"没有共同语言"的感觉。在培养根儿的过程中,我常常陷入一种孤独和无助的感觉中,我不知道如何才能够让孟爸明白一个人的尊严和幸福之间的关系。

孟爸在我们的争执中也在思考自己的生存哲学，他慢慢开始接纳我的一些观点，渐渐地意识到了健康人格对于人的幸福的重要性，我们的交流有了一些改善。然而，真正让孟爸彻底改变来自根儿考上剑桥大学。孟爸认为世界最高学府对根儿的认可，就是对我的教育理念和方法的认可。他相信剑桥大学，所以，他选择相信我。我坚持了十一年，终于换得孟爸真诚的一句话："我认为你是对的！"那一刻，我的眼睛湿润了。"你知道我现在为什么挺你吗？因为儿子进了剑桥；如果没有进剑桥，我还是不完全认可你的教育！"孟爸还是那样的现实。在我自己看来，无论根儿进入哪所大学，他都具有了获得幸福的能力。这才是最重要的！

根儿从剑桥大学毕业之后，在选择未来的发展方向时，孟爸已经完全接纳了我当初的观点。孟爸告诉根儿："无论未来选择什么专业，你的幸福感是最重要的。做自己喜欢的事情，像你妈妈一样，每天虽然辛苦，但她快乐。老爸希望你快乐地过一生！"

无论如何我也得感激孟爸这十一年的支持，虽然我们有争执，但孟爸始终支持我，而且，我们的争执没有影响到夫妻感情，只限于"学术争执"。这一点对于维护家庭和谐至关重要！

找到我终身喜爱并从事的事业

创立善解童贞品牌

根儿9岁那年，我陪他到了成都上学，有机会进入成都外国语学校附属小学做了校医，工作一周后，在陶校长的支持下，我开始了儿童和青少年的性心理和性教育研究，终于找到了自己喜欢做的事情。那一年我已经38岁了。在成外附小工作了整整四年，我研发了小学各年龄阶段的性健康教育课程，这些课程后来成为"善解童贞6～13岁孩子课程"的基础。此外，还编写了儿童性健康教育漫画读本《成长与性》。

离开成都外国语学校附属小学后，2006年，我与李跃儿在山东潍坊的一次会议上相识，由此开启了我在北京李跃儿芭学园进行幼儿性心理发展的研究，这些研究成了《善解童贞》系列书籍的基础。2009年出版第一本《善解童贞》，至2016年，《善解童贞》经历三次改版，目前已经有五册。2015年，我在深圳注册成立了深圳市善解童贞教育咨询管理有限公司，开展善解童贞讲师培训和管理工作，善解童贞体系日趋完善。

善解童贞体系包含了理论体系（《善解童贞》系列书籍）、课程体系（6～18岁孩子性健康教育课程、0～18岁父母性健康教育课程）、讲师培训体系等，我们与时俱进，建立了善解童贞云学院，通过网络将善解童贞的理念传递到更多的家庭。现在，"善解童贞"已经成为中国儿童与青少年性健康教育知名品牌。

家庭幸福与个人发展之间的关系

在一个家庭中，夫妻二人对家庭的照顾要达到一个平衡。工作、赚钱、照顾孩子和家人生活、孩子的教育、家庭文化建设……这是一个平衡系统，总要有人来把握这个平衡系统中的各种元素。因此，丈夫和妻子的分工是必需的。在分工中，丈夫与妻子如何分工不重要，重要的是要达成平衡，这是夫妻二人的共同责任。

有了孩子以后，父母要将孩子的自立作为养育的方向，父亲、母亲、孩子三方的独立自主是家庭稳定的内核。有了这个稳定的三角支撑，内核就会散发出源源不竭的爱，滋养家庭中的每一个成员。家庭中的每个人都有自己实现生命价值的一方天地，都能够有尊严地存在于这个世界。在这样的家庭里，人们能够保持精神的平等，家庭也能够保持长久的幸福。

在家庭中，我首先要承担起自己的责任。我需要达成两个平衡：一个是承担家庭的职责，完成每天的家务劳动，照顾家人生活，教育根儿；另一个是完善自己，找到生命存在的价值感。在这两个平衡之间，我还要选择孰先孰后，然后再次达成一个平衡。我选择了将家庭责任放在前，也就是把根儿和孟爸的利益放在前，我的自我完善紧随其后，这样，孟爸才能够安心地让我带根儿离家求学。如果我将完善自己放在了家庭责任之前，只顾及自己的成长和发展，不顾及家庭责任的平衡，就有可能将家庭陷入不稳定的困境。

做出选择之后，我十分清楚自己每天该做什么。在带根儿离家求学的日子里，只要没有出差，我每天都会买菜做饭，即使有阿姨的帮忙，根儿每天吃的饭菜也都是我亲自做好的。在深圳的时候，我每天早晨7点钟起床为根儿做早餐，然后到菜场买菜，回家后将根儿中午要吃的大餐准备上，比如红烧牛肉、魔芋烧鸭子、炖鸡、豆瓣鱼等，做完这些已经是9点半，然后我才打开电脑开始我的"副业"——写书、做课件、回答网友的问题。外出讲课时，我从不旅游观光，每次都尽快赶回深圳，让根儿能够多吃上一顿我做的早餐。对此，孟爸和根儿对我的表现都非常满意。

我一直认为，一个人如果只有家庭，没有事业（喜欢做的工作），就会感到空虚；一个人如果只有事业，没有幸福的家庭，就会感到不幸。我希望自己能够经营好家庭，同时也有自己的事业，这样我才会感觉此生是幸福的。

父母不可以将孩子作为自己的事业

孩子终究有一天要离开我们，开始自己年轻而精彩的人生，这是人类成长的规律。曾经，我反复问自己："如果我将根儿作为事业，根儿18岁之后将上大学，我的精神寄托将消失，我的事业就结束了，那时，我是否会陷入生命价值丧失之后的痛苦中？"我清楚地回答了自己：我这一生的价值不能在根儿18岁以后就消失，我不能如此亏待自己，不能以根儿作为我的价值存在，我要让自己活得更有价值，这样才对得起自己。

每个人对自己生命的追求有所不同，实现生命价值的形式也不同。当一个人遵从内心的呼唤，做着让自己感觉幸福的工作，能够独立而有尊严地生存在这个世界上时，就是自己价值的实现。曾经有朋友问我："如果你儿子的学习成绩不优秀，他如何实现自己上剑桥的梦想，又如何实现自己的价值？"我告诉这位朋友："如果根儿的学习成绩不优秀，我们可能会让他初中毕业时就去上厨师学校。他会有自己的餐厅，每天做着自己热爱的事情，还能够养活自己和家人，幸福地生活在这个世界上。对厨艺的热爱能够让他实现自己生命的价值。"一些父母将孩子作为自己的事业，孩子成为他们实现自身价值的工具，这对孩子来说，将是生命的灾难。

一些"全职"妈妈将全部的精力都用在了孩子身上，在这里，"全职"的含义是指妈妈放弃了自己的职业，将孩子作为她的职业或事业。"全职"妈妈付出大量的时间、金钱和精力，对孩子提出很高的要求，期望孩子的成绩（或成就）能够出类拔萃，从而实现自己的人生价值。如果这些付出没有换得想要的结果，妈妈们就会感到失败和焦虑，然后变本加厉地对孩子施压，但结果往往适得其反，这种方式是极不可取的。

给带孩子离家求学的父母几点建议

带孩子离家求学的经历,让我有了很多的感触。在全国各地进行讲座的同时,我也接触到了一些已经带孩子离家求学和正在准备带孩子离家求学的父母,在此,为大家提出几点建议:

第一,带孩子离家求学是一个家庭的重要决定,需要夫妻双方共同协商,达成共识,不要单方面采取行动,否则会带来家庭的不稳定。要认真思考夫妻长期分居可能带来的后果,将最坏的后果分析出来之后,认真思考自己是否能够接受这样的后果,这样的后果是否违背了自己带孩子离家求学的初衷。父母要明白,家庭的和睦、健全比孩子接受什么样的教育更重要,任何教育都无法弥补家庭的破损给孩子带来的心灵创伤。

第二,父母不要将孩子作为实现自己价值的工具,不要把带孩子离家求学的行为看成是自己实现理想的壮举,不要将自己的未来寄托在年幼的孩子身上。孩子有自己的使命和未来,父母想要实现理想,只有自己去奋斗。孩子稚嫩的生命无法承载成人的梦想,也没有责任代替父母完成他们的梦想。

第三,如果孩子在传统学校中成绩优异,如鱼得水,父母就不要轻易把孩子带离传统学校,那样做可能会给孩子带来灾难性的后果。

第四,如果父母一方坚持带孩子离家求学,导致夫妻两地分居,那么就要接纳孩子缺少父亲(母亲)陪伴的成长缺陷。每个孩子都需要在健全的家庭中成长,长期缺失父亲或者母亲的陪伴,必然会给孩子带来成长的缺陷。

Chapter 4
父母容易犯下的错误

在我们习以为常的养育方式中，存在着我们容易犯下的错误，这些错误的养育方式破坏了孩子的成长与发展。

破坏孩子感受美的能力

多年前的一天,我们到昆明的一家温泉馆度假。这家温泉馆很有特色,池子中有的放入了中草药,有的放入了鲜花的花瓣;那些花瓣漂浮在温泉池水上,散发着淡淡的花香。我喜欢泡在室外的温泉池里,那里空气清新,还能享受日光浴,十分惬意。

我挑选了一个无人的池子,把自己浸入玫瑰花瓣的温暖中,屋顶四周垂下深黄色的半透明幔帐,仿佛置身在热带风情的东南亚。漂浮着的花瓣随着水波的荡漾轻抚着我,散发出暖暖的清香,沁人心脾。阳光穿过树叶的间隙,洒在我的脸上和水面的花瓣上。氤氲的水汽包裹着我,我闭上眼睛,身心放松,仿佛宇宙间只剩下自己。

这时,一阵吵闹打破了这份安宁。一个五岁的女孩和几位成年女性一起来到了这个池子。女孩和我一样喜欢上了池子里的玫瑰,她高兴地看着漂在水面上的花瓣,不停地用手捧起,然后把花瓣放到自己的身体上,让花瓣停留在自己的胳膊上或者胸口上;她还不时地把鼻子凑近水面,嗅闻花瓣的香味。她忘我地尽情享受着大自然的精华带给我们的欢愉。

但是,陪小女孩一起来的大人们却不懂得感受这一切。她们把自己浸泡在温泉中,无视花瓣,也闻不到花香,更感受不到女孩的心情。她们唯一关注的是——小女孩是否会着凉。于是,原本美好的时光被打破了。外婆不停地叫女孩把全身浸在水里,否则会感冒。见女孩没有顺从,小姨便开始恐吓:"如果你继续玩花瓣,我们下周就不带你来温泉了!"女孩继续闻着手里的花瓣香味，回应道："不行，我要来！"此刻，妈妈也加入进来："如果你不听话，就会感冒，所以，我们下次就不带你来了！"女孩还是没有顺从，她继续反抗："我没有生病！"但是身体稍稍往下沉了一点，表示她听话了。大人们不依不饶："你要把身体完全泡在水里，不然会感冒的""你不听话下次就不再带你来了"……

我一直忍受着，期盼着她们能够安静下来，不要干扰我和孩子的感受。然而，半个小时过去了，小女孩一直在被大人们唠叨、训斥。小女孩不断地抗争着，想继续自己对花瓣的探究：为什么水里会有这些花瓣？为什么花瓣会发出香味？这些花瓣接触到我的皮肤是什么感觉？这些花瓣和平时看到的栽在花盆里的花有什么不同？花瓣上为什会有水珠……

然而，女孩最终还是失败了——大人们带她离开了玫瑰花池。当孩子幼年的感受被这样一次一次地破坏，长大以后，他们会缺乏感受美的能力，内心会变得麻木。就像这三个成年人，置身于美好的环境中，却丧失了感受美的能力。

缺乏感受美的能力，不仅会使生活变得无趣，甚至会将自己置身于尴尬的境地，让人贻笑大方。一个朋友给我讲述了她的一次亲身经历。在法国的时候，她去一个艺术品商店购物，遇见一对很有钱的中国夫妻。那个妻子看上了一件价格很高的艺术品，外形类似我们的果盘，但不是用来盛装物品的，是用来摆设的。丈夫问售货员可以用来装什么，售货员告诉他这个是艺术品，是用来欣赏的，丈夫不理解："用来欣赏？不实用啊！"售货员非常婉转地告诉他："如果你想装点东西也可以，可以装水果，这样看上去很漂亮。"丈夫大声说道："嗯，买下吧，我看可以装红烧肉！"朋友当即愣住了，她说："我看到了法国售货员的表情，作为这个男人的同胞，我感觉羞愧难当！"她逃一样地离开了这家艺术品商店。

审美意识是我们生活中不可或缺的部分，从小培养孩子感受美的能力，可以让他们在生活中发现更多的乐趣，使他们的情感变得细腻，从而更加热爱生活。

无视孩子的情感需求

在深圳居住的时候,我每天晚上都要去皇岗公园跳健身操。有一天,在跳操的时候,我看到一对30岁左右的男女坐在长椅上,他们手拉着手亲昵地交谈着,眼神里充满了爱意。在女人身旁,有一个4岁左右的小女孩,她不时地靠近女人,叫着"妈妈",但女人一直没有理睬她。过了一会儿,女孩直接把自己的身体靠向了妈妈,可妈妈此时正与男人热切地交谈着,没看一眼便推开了女孩。看到女人把孩子推开,那个男人也无动于衷,没有任何反应。

女孩被妈妈拒绝后,怯怯地看了一眼男人,带着一丝忧伤走开了,她在不远处转悠了一会儿,又走到妈妈面前说:"妈妈,我跳舞给你看!"妈妈盯着男人的目光并没有转动,敷衍着"嗯"了一声。女孩开始在妈妈和那个男人面前跳舞,一边跳一边对着妈妈笑,想把妈妈的注意力吸引过来。而此时,女人依偎在男人的怀里,含情脉脉地看着男人。

大约5分钟后,女孩停止了跳舞,她从长椅上拿起红色气球,走到妈妈身边,让气球在妈妈的眼前飘动。妈妈从男人的手掌里抽出一只手不耐烦地把气球挥开,生气地对女孩说:"不要来烦我,自己去玩!"接着立刻把手重新放入男人的手掌,当她转向男人的那一刻,脸色立马变得温柔起来,情意绵绵地接着与男人交谈。女孩明白自己惹妈妈不高兴了,悻悻地低着头,走到一旁坐下来。

大约过了10分钟,女孩再次靠向妈妈,看得出来她很小心翼翼,生怕惹妈妈生气。此刻,妈妈已经在男人怀里甜蜜得一塌糊涂,女孩仍在争取博得妈妈的关注，她鼓起勇气扑到妈妈腿上，深情地抬头望着妈妈。女人从男人怀里抽出身来，眼神里的温情在消失，脸色变得冰冷，转过头对着女儿狠狠地说："一边儿玩去！"把女儿从自己身上推开。女孩再次被拒绝，脸上露出痛苦的神情，但她依然没有放弃，躺在长椅上，小心地把头挨着妈妈，不时地抬眼看一看，妈妈是否注意到了她。

又过去了10来分钟，女人完全沉浸在恋爱的甜蜜之中，丝毫没有注意自己的女儿。女孩从长椅上爬起来，独自玩着气球。也许她终于明白那个男人才是自己被妈妈拒绝的理由，于是，她拿着气球走到妈妈面前，靠着妈妈的身体，把气球举在妈妈和男人之间："看，好漂亮的气球。"可是，男人的眼里完全没有女孩，继续深情地看着女人。再一次被女儿打扰，女人的眼神顷刻间变得锐利起来，直刺女孩，吼道："不要来烦我！"女孩只好离开，一个人孤零零地在周围游荡。半小时后，他们三人一起离开了。直到他们离开，男人也没有与女孩说过一句话。

过了两个星期，在同样的时间和地点，我再次与这三个人相遇。我还是在跳操，男人与女人依旧是依偎在一起，看得出来，他们的关系进展得不错。女孩在一旁独自玩耍，没有去打搅妈妈和那个男人。或许，女孩已经懂得，此时此刻，妈妈只属于那个男人。同上一次一样，直到他们离开，我都没有看到男人同女孩说一句话，仿佛女孩与他没有任何关系。

这个家庭曾经发生的故事或许已经让这个4岁女孩失去了父亲，或者失去了父亲的爱；现在，女孩唯一的依靠就是母亲。一个陌生男人闯进了自己和妈妈的世界，她最大的担心就是失去妈妈的爱，对她来说，这就是失去了整个世界。因此，她会努力让自己占据在妈妈的心中，不让别人夺走妈妈的爱。而妈妈的做法，破坏了孩子的安全感建构。

离异或丧偶的女人，享有再次获得爱情的权利。然而，在这个过程中，妈妈不可以忽略孩子的内心感受。对于第二次爱情或婚姻来说，孩子也是其中不可分割的一分子，如果忽略了孩子的感受，不仅会给孩子的成长带来伤害，也会影响到你的第二次爱情和婚姻。

破坏孩子的动手能力

教我们跳健身操的老师有个小女儿，1岁半左右，每天晚上我们跳健身操的时候，女孩就由老师的朋友照顾。

一天，女孩自己拿着一小瓶酸奶，她的小手刚好能够握住这个小瓶，能够准确地将吸管对准嘴巴，把酸奶吸到嘴里。每吸一口，她就会看看自己的手，再看看酸奶瓶，然后再吸一口，再观察，脸上不时露出开心的笑容。此时，她的注意力不是酸奶的味道，而是自己独立完成了这个动作，她为自己能够完成这个动作而感到开心。

女孩自己喝酸奶的过程给她带来了一定的生命发展和人格发展。首先，在人格发展上，自己喝酸奶的过程属于儿童自我效能认知的过程，孩子通过完成自己力所能及的事情，发现自己的能力所在，获得自信心；自己喝酸奶，不被他人指示和干涉，还可以发展孩子的尊严感，自信心和尊严感是人格的基础素养。其次，在内在生命发展上，女孩将吸管对准嘴巴的过程，发展了大脑神经对手臂运动的协调能力、大臂与小臂的协调能力、手腕与小臂的协调能力、手掌与手指的协调能力，有了这些协调能力的配合，女孩才能顺利地将酸奶吸进嘴里；另外，孩子认真吸酸奶的同时，她的专注力也得以保持。生命的内在发展是人类生命本能发展的需要，内在发展被满足的孩子，内心就会愉悦满足，情绪就会稳定健康，孩子会呈现出一种平静、自然的状态。所以，女孩在吸酸奶的过程中会露出开心、满意的笑容。

然而，好景不长，照顾女孩的阿姨看到她在自己吸酸奶，立即惊叫起来："看你，小心弄脏衣服啊！"说着，动手抢过女孩的酸奶。其实女孩吸酸奶的技能把握得很好，没有弄脏衣服。女孩伸出手与阿姨抢夺，没有成功，大哭起来，阿姨说："你要吃的话我喂你嘛，不哭不哭！"说着，就把吸管对准女孩的嘴巴："吃吧吃吧。"女孩摇头不吃，一定要自己拿着酸奶才肯罢休，可是阿姨就是不让女孩自己拿，两个人反复"搏斗"，女孩不停地大哭。

此时，又来了一位年轻的阿姨，她是听到女孩的哭声过来的。她也坚持不让女孩自己吃，抱起女孩哄着，把酸奶的吸管递到女孩嘴巴上，坚持要喂女孩吃，女孩依然大哭。无奈之下，年轻的阿姨放下女孩，两个阿姨开始商量怎么办。商量了一阵后，其中一位阿姨开始给女孩讲道理，一边讲一边指点着女孩的衣服，想说服女孩不要自己吃，否则会弄脏衣服，女孩依然大哭。

最糟糕的一幕出现了：一位阿姨把酸奶递给女孩，女孩立即停止了哭闹，高兴地拿起酸奶，可还没等女孩含着吸管，另一位阿姨就抢过酸奶，女孩又开始大哭，两位阿姨哈哈大笑起来；然后一位阿姨又把酸奶递给女孩，女孩再次由哭变笑，但同样没有等女孩含着吸管，另一位阿姨就再次抢过酸奶，女孩又由笑变哭，两位阿姨再次大笑……

之前遇到这类事情，尽管我能够感受到孩子的痛苦，但我还是会说服自己不要管闲事，然而此时此刻，我无法忍受了。我来到她们面前，对这两位阿姨说："你们不要让她这么痛苦地哭了，把酸奶给她吧，她想自己拿着吃。"两位阿姨没有想到会有人来干涉她们，愣了一下，其中一位对我解释说："主要是怕她弄脏衣服，我们没有给她带干净衣服出来，弄脏了就没有衣服换了。"我回应道："都晚上了，弄脏了衣服回家换吧。"见她们犹豫着，我觉得对她们讲解女孩独立吸酸奶对她的发展有多么重要是枉然，于是找了个借口说："她这样大声哭影响我听节奏跳操了，你们还是不要让她哭了吧！"听我这样一说，一位阿姨抱起女孩，另一位阿姨继续控制着酸奶，离开了长廊。

  我依然能够看到她们，她们依然不让女孩自己吸酸奶，决心把衣服的卫生捍卫到底。最后，她们用一个玩具哄骗女孩，女孩暂时忘记了酸奶，玩玩具去了。两位阿姨将酸奶藏了起来，脸上露出胜利的微笑，但是她们爱孩子的行为恰恰破坏了孩子的生命发展需求。

让孩子随地大小便

我跳健身操的小广场对面是一个高出广场水平线的小坡,平日里,人们就坐在这个小坡的草坪上一边聊天乘凉一边观看我们跳操。

一天,两位老人带着5岁左右的孙女来到小广场,跟随我们一起跳操。几分钟后,女孩要小便,老人指着小广场对面的小坡,女孩跑了过去,面对着几十个跳操的人脱下了裤子,没有一丝羞耻感,两位老人也无动于衷。而在小广场的旁边就有一个公共卫生间,女孩跑步过去也不过2分钟的时间,老人却没有让女孩去卫生间。

在我们的传统观念中,孩子可以随地大小便,理由是"孩子小,憋不住";在我们的教育中,对于随地大小便的教育也仅仅是"影响了公共卫生"。然而,让孩子随地大小便,对孩子的破坏是多方面的:第一,破坏了孩子的身体界限感,孩子的身体界限感也是孩子健康的羞耻感,指孩子懂得身体的隐私部位不可以随意暴露,懂得身体的界限;第二,破坏了孩子的尊严感,两位老人没有把女孩当成一个有尊严的人,不懂得尊重孩子,也不懂得教导孩子做有尊严的人;第三,破坏了孩子的公共道德意识,爱护公共环境是每一个公民的责任,随地大小便会导致孩子缺失公共道德意识。

我曾经到国内一家知名的早教中心参观,亲眼看到两位老奶奶抱着孙子往大厅的垃圾筐里小便,而这个垃圾筐的旁边就是卫生间,我当即上前问她们为什么不带孩子进卫生间,两位老人只是尴尬地笑笑;还有一次看到一位家长抱着孩子在卫生间的洗手池里小便,一位国外家长看到后,愤怒地找到管理人员投诉，但无济于事。尽管早教中心的工作人员曾多次引导，卫生间也非常干净、漂亮，而且还专门为小宝宝准备了坐便器，但还是有人不愿意遵守规则。

不懂小朋友之间的交流方式

晚上，领操老师1岁半的女儿看到一个和自己差不多大的男孩，直奔了过去，小男孩也看到了女孩，朝女孩走了过来。

儿童看到和自己年龄相仿的人就会产生接触交流的欲望。女孩和男孩兴奋地站在一起，他们互相看着对方笑，不知道该如何打招呼。此时，女孩突然踢了男孩一脚，男孩举起小手打向女孩的头，他们都没有哭，仍旧兴奋地咧着嘴笑，在一旁的阿姨和奶奶见状后惊恐不已，立即把各自的孩子拉向一边，训斥孩子："不可以打人啊，这样不是好孩子啊！""你怎么踢小哥哥呢？对小朋友要友好，才是乖孩子啊！"然后，两个成人各自抱着孩子相背而去，两个孩子眼睛里透出一片茫然。

对于1岁半左右的孩子来说，他们是在用自己的方式"打招呼"，这是他们人际交往能力发展的初级阶段，尚未懂得像成人那样握手问好或点头微笑，此时，成人要静观孩子的行为，不要轻易地出手干预。或许，这两个孩子接下来的行为便是友好地手拉手，成为那天晚上愉快的伙伴；或许，他们用自己明白的语言开始交流，一起游戏；也或许，他们的交流方式不成熟，继续愉快地踢打对方。

如果照顾者发现孩子的行为演变成了战争，应该在孩子开始出现负面情绪时，将两个孩子分开，然后和孩子说："你们是不是想成为朋友？你们可以把手拉在一起，这样就是好朋友啦！"然后，协助孩子把手拉在一起。成人将"友好"这个词语与手拉手的行为进行配对，并输入给孩子，为孩子建构"友好"的直观做法，这样，下一次他们再与小朋友建立交流时，就会用拉手的方式，而不是用脚踢的方式了。如此，成人便帮助孩子完成了人际交往行为的目标。

小女孩与小朋友的交往一直没有得到大人的帮助，于是，当她再次想和自己年纪相仿的孩子一起玩时，仍然无法用语言清楚地表达自己的意思。

有一天，女孩带了一个皮球来小广场玩，她发现附近有一个和自己相差不大的男孩和妈妈一起坐在草地上，小女孩高兴地跑过去，站在这个男孩面前。她把皮球扔给男孩，用手去拉扯男孩的衣服。男孩没有明白她的意思，愣了一下便扑进妈妈的怀里，妈妈立即护着儿子。照顾女孩的阿姨见状，立即上前捡起皮球，把女孩抱离了男孩，女孩开始独自玩耍皮球。

但是，女孩不甘心，她再次拿起皮球来找男孩，妈妈见女孩又来了，以为女孩要欺负自己的儿子，便紧紧护着儿子。女孩再次把球抛给男孩，希望男孩明白她的意图——我想和你一起玩，但男孩从妈妈的身体信息中感到了不安，没有主动离开妈妈的怀抱，怀疑地看着女孩。阿姨见状，为了不让女孩惹祸，便再次抱起女孩走开了。

女孩第三次来到男孩身边，第三次把球抛给男孩，这一次，男孩的妈妈干脆起身，抱起儿子离开了公园。女孩望着男孩离开，眼里充满了失望。

如果阿姨和妈妈都懂得两个1岁半的孩子此时都有发展人际交往能力的需求，妈妈就会鼓励儿子和女孩一起玩球，阿姨也会教女孩用语言来表达自己的意图："我们可以对哥哥说：'哥哥，我们一起来玩球吧。'"然而，妈妈和阿姨都没有发现女孩多次、反复地主动找男孩的意图。如果女孩主动与人交往的需求得不到成人的帮助，女孩就会渐渐形成一种意识——"我的交往都会失败"，慢慢地变得不愿意主动与他人交往。同样，男孩母亲的做法使孩子的人际交往蒙上一层不安的因素，这势必会阻止孩子人际交往能力的发展。

人类是群居动物，人际交往能力发展的"程序"已经被"写入"人类的基因，这个程序在儿童的幼年阶段就会被启动。儿童早期不断地学习如何与父母互动，逐渐地，随着他们活动范围的扩大，开始与同龄的、不同龄的孩子进行交往。很多时候，孩子早期幼稚的交往行为会被成人误解为"打人""不友好的行为"。其实，人际交往能力发展的过程都是从幼稚到成熟的，即脚踢、打人—拉手—微笑—语言—送小礼物—微笑着握手—懂得成人社会人际交往的规则。成人的任务就是帮助孩子完成这个过程。

无视孩子当下的感受

深圳一个夏天的清晨,雨后的空气非常潮湿,感觉很闷热。在菜市场的路边,两位年轻女士推着一个童车走了过来,里面有一个1岁左右的孩子,童车上面罩着一个密封的白色透明塑料雨篷。

孩子在童车里很烦躁,不停地转头看着大人,表情痛苦地伸出双手想去抓塑料雨篷,不一会儿,孩子便哭了起来。两位女士发现孩子哭了,便弯下腰,隔着塑料雨篷对孩子说:"不哭不哭,乖啊!"孩子的眼神在乞求,期望她们能够打开雨篷,或者把自己抱出这个密闭的空间,让自己呼吸到新鲜的空气,但两位女士没有看懂孩子的眼神,也没有听懂孩子的哭声。

我感觉到孩子因为空气不足,在童车里闷热而难受,于是对两位女士说:"孩子闷在里边,没有足够的空气很难受,把这个雨篷打开,这样他就不会哭了。"两位女士看着我,眼神里透着"多管闲事!"但她们还是对我解释:"下雨了啊,孩子冷着怎么办?衣服会弄湿的!"我说:"现在雨已经停了,这么闷热的天气,孩子不会生病的。"二人瞥了我一眼,推着童车走了。我转身看着她们,她们没有理睬孩子在童车里的挣扎,孩子依然被闷在塑料雨篷里。

很多时候,父母爱孩子就像这两位女士一样,无视孩子当下的感受,不帮助孩子获得自由的呼吸和自由的心灵,却对孩子的未来进行无端假设;很多时候,父母看不到孩子当下的痛苦和需求,眼看着孩子挣扎不已,却仍然说"我这样做是为了你好",就像童车里的孩子,被爱窒息着,大人还说是为了他好一样。

孩子要的是当下，当下的新鲜空气、当下的呼吸、当下的命运、当下的生命状态……如果生命在当下，却没有当下的身心感悟生命，而是被父母置于假设的未来中，那么孩子怎么能够对未来产生希望？

如果孩子的愿望与父母不一致，或者没有考上大学，父母是不是就认为孩子没有希望了？有时候，我坐在一个环境优美、很有特色的水吧里想：这个水吧的老板快乐吗？他们的生活幸福吗？假如根儿的学业一般，甚至没有考上大学，我或许会支持他开一个西餐厅，或者做一名厨师，他应该生活得十分快乐，因为那是他喜欢做的事情，他生活的幸福感不会比那些上了名牌大学的孩子少！

我曾经看过一则报道，事情发生在20世纪90年代。一个男孩很喜欢汽车，对修理汽车特别感兴趣，于是，他在中学时期经常逃学，到汽车修理厂去看师傅们修理汽车，还主动帮助师傅们干活，结果每天回家都是一身油污。老师经常向父母告状，父母也经常打骂教育，但是他依旧逃学到修理厂，老师和父母都认为他将来没有出息。可修理厂的师傅们却很喜欢他，认为他勤快、聪明，都愿意把自己的技术教给他。后来，他购买了很多相关的书籍，如饥似渴地学习修理汽车的知识，于是他的修车技术日渐成熟。

初中勉强毕业后，男孩不再上学，直接到修理厂干活，在做自己喜欢的事情的同时，他可以挣钱养活自己。几年过去后，他的同学有的考上了大学，有的四处打工。此时，他的修车技术已经达到了一流，他挣的钱已经能够买车买房。又过了几年，那些考上大学的同学毕业了，有的还在找工作，有的有了稳定的收入，有的在继续读研究生，而他已经是当地赫赫有名的修车大王，有了自己的公司和修理厂，专门修理名贵汽车，凡是其他师傅不能够解决的问题，只要请到他，一定能够得到圆满解决。后来，他的生意越做越大，已经不是只有修理厂了，他开的汽车是当地最昂贵的，他的住房也早已经是豪宅，那个时候，他24岁。

这个孩子没有被成人编制的"塑料雨篷"禁锢，他伸手打破了成人对他的控制，按照自己生命的方向活着，活出了自我！

这个世界的精彩在于每个人都能够按照自己的精彩活着，上天的本意就是这样，所以，上天创造了每个人的精彩——厨师、修车工、补鞋匠、工程师、科学家、教育工作者、农业工作者、经济学家、品酒师、调酒师，等等。所谓的天人合一，从教育的角度来理解，就是帮助孩子活出上天给予他的生命中的精彩！

教孩子说谎

有一次我到外地讲课,在机场的安检处遇到一对母子,男孩10岁左右,我正好排队跟在她们后面。在过安检口的时候,男孩主动告诉安检人员自己的背包里有一把玩具手枪,他打开包,主动把玩具手枪交给了安检人员。此时,我看到男孩非常紧张地看着安检人员,又转头看看自己的母亲,担心玩具手枪被没收,看得出来,他知道玩具手枪不可以带上飞机。

安检人员在检查了玩具手枪后,说:"这样的手枪你都敢玩,还有钢珠子弹可以发射,肯定不可以让你带上飞机了!"说完,就真的把玩具手枪没收了。男孩立刻呆在了那里,无助地看着母亲,母亲对安检人员说:"要不我们拿去托运?"安检人员说:"这样的手枪应该禁止孩子玩耍的,太危险了,不可以托运!"母亲看了一下时间,对孩子说:"托运也来不及了。"于是,她们进入了安检口,接受检查。

我一直观察着男孩,看到他的脸憋得通红,想哭,想大声抗议,想拿回心爱的手枪,他的眼睛里开始有了眼泪,但努力克制着自己不哭出声来。我过了安检口之后,和男孩站在一起等行李,男孩愤怒地跺脚,嘴里不停地念叨着什么,终于发出了哭声,对他的妈妈大声喊道:"你去找他要回来,我要我的手枪!你去找他要回来!呜呜呜……"妈妈看着他,没有任何表示,可能她也不知道该怎么办了。此时,我小声对男孩说:"玩具手枪是不可以带上飞机的,这是规则,安检人员不可能让你把手枪带上飞机了。"男孩哭着:"我要他把手枪还给我!我要他还给我!"我小声告诉他:"等你到了目的地，让妈妈重新给你买一把玩具手枪吧，记住再也不要带着玩具手枪上飞机了，肯定会被没收的。"

我收拾好了自己的东西后就离开了安检处，径直往登机口走去，没走多远又遇上了这对母子，男孩还在抹眼泪，只听见妈妈对他说："谁让你这么诚实，要告诉安检员你有把玩具手枪？下次你就不要再告诉了，悄悄装在自己的包里，不就过关了吗？"我转身看了一眼男孩的妈妈，这位妈妈的做法不仅在教孩子继续违反规则，还在破坏孩子本来已经具有的诚实品格，同时还让孩子学会了愚蠢。我们试想一下，假如下次孩子真的带了玩具手枪，真的像妈妈教的那样，放在包里，即使他不主动说，安检机器也会发现的，孩子的玩具手枪会第二次被安检人员没收，这不是愚蠢又是什么呢？

如果是我的孩子遭遇玩具手枪被没收，我会与孩子一起总结经验，然后让孩子学会遵守规则，并安慰孩子："我会再买一把一样的玩具手枪给你，只是，我们现在有经验了，以后坐飞机就不能够带玩具手枪了。"

教育的智慧不是来自我们读了几本书，参加了几次讲座，很多时候，教育的品质和智慧来自母亲的素养。母亲具有了诚实、遵守规则的品质，当教育的契机出现时，这样的品质就会自然地生发出正确的教育方法。母亲自身的品格和素养便是生长教育方法的泥土，泥土太贫瘠，质量太差，甚至含有"有毒"物质，生长出来的教育方法自然就不会有"营养"，孩子不仅不会在这样的教育中获益，甚至还有"中毒"的可能。

用体罚的方式来教育孩子

有一次，我在北京李跃儿芭学园听李跃儿老师给孩子们上美术课。李跃儿老师的美术课非常特别，从讲一个故事开始，随着这个故事的发展，一幅美丽的图画也在黑板上展开，孩子们非常喜欢她的课，课堂气氛也十分活跃。

上课15分钟后，李跃儿老师给孩子们布置了作业，孩子们开始上讲台领取材料。我随意地看着这些孩子，突然，一个女孩吸引了我的注意。这个女孩不到5岁的样子，她的眼神显得有些呆滞和胆怯，还有些散乱，动作显得很缓慢，整个神态与周围的孩子完全不同。当孩子们都积极去领取材料的时候，她有些不知所措，等孩子们都领到了自己需要的材料，开始动手做作品的时候，她还待在自己的位置上。此时，我来到她身边，告诉她到老师那儿领材料，她还是呆呆地看着我，老师见状，主动拿着材料来到她的旁边，让她选择自己喜欢的，她慢慢地选好材料之后，开始做作品了。

这个女孩与芭学园的其他孩子完全不是一个状态，我感觉她是因为遭遇了很大的伤害才变成这样的，并断定她刚来芭学园不久。我一边猜测她曾经的遭遇，一边观察她做作品的过程，这个女孩总是不能够集中注意力做自己的作品，她东看看西看看，不知道如何下手。此时，李跃儿老师注意到了她，几次来到她身边，鼓励她按照自己的想法完成作品，在大多数同学都完成了作品之后，她才完成了一半。

等课堂结束之后，我与李跃儿有了如下对话：

我："这个孩子是不是新生？"

李："不是，她是芭学园的孩子。"

我大吃一惊："芭学园的孩子？可是，我感觉到她的状态非常不对劲，一定发生了什么事情，她才会有那样的眼神！"

李："她很小就来到了芭学园，之前的状态一直很好，2个月前，她的母亲把她带离了芭学园，到一个读经班去读经。在那个读经班里，孩子们每天要读好几个小时的经文，还要背诵老师指定的经文，如果背不出来就要挨打，她被打过好多次了，老师总是拿棍子打手，你想想，她生活在多么恐惧的环境中！孩子几乎被折磨得精神崩溃了。"

我："她在读经班里待了多长时间？"

李："两个月吧。"

我："两个月就把孩子折磨成了这样？！"

李："对于一个4岁多的孩子，每天生活在被挨打的恐惧中，熬上两个月，是什么样的感受？不要说孩子，大人都会疯掉的。"

我没有再问下去，心里不寒而栗。头脑中浮现出电影里对弱者实施酷刑的画面，每次看到那些画面，我都会感到紧张、害怕，不敢继续看下去。这个时候，儿子和孟爸就会笑着说那是电影，不用害怕，但我还是会害怕。

这个女孩是在怎样的恐惧和无助中经历了两个月的黑暗日子？我不知道她的母亲在女儿的小手被鞭打的时候是否会心痛。对于这个问题，我想了一夜，第二天我再次与李跃儿谈起这个女孩。

我："她的妈妈真的就能够忍心让自己4岁的女儿挨打？"

李："女孩的妈妈认为，孩子经历这样的过程，就会背诵很多经文了，将来就会成为人上人，所以，她才会把孩子带到那个读经班。"

我："那她现在为什么又把孩子送回芭学园？"

李："可能发现还是芭学园更适合她的女儿吧。"

后来我了解到，芭学园还有几个孩子都被父母带到了那个读经班，都被打过，这个女孩现在回到了芭学园，但还有一些孩子继续在读经班的恐惧中生活。李跃儿曾经去看过那些孩子，也与家长们交流过，一位家长认为那些孩子读经之后都能够成为大仙，她兴奋地告诉李跃儿："等这些孩子将来读经成功，你会看到神仙满地跑！"

我相信祖国上千年流传下来的经文一定是让人们学会互敬互爱，我也让自己相信父母让孩子阅读经文没有错，我更强迫自己相信那些把鞭子抽向年幼孩子的"老师"是为了孩子"好"，然而，当我看到这个女孩的眼神时，我却无法再让自己相信这一切！

让孩子接触中国古代文化没有错，让孩子背诵经文也没有错，但当经文被成人绑上了暴力，并将暴力施加到年幼孩子的身体和心灵上时，我们就错了！我在想，这个女孩眼神中的恐惧，内心对这个世界的不安全感，需要经过多少年、多少事，需要多少父母的爱、多少芭学园老师的帮助，才能够纯真如从前一般。

很多年过去了，我没有再见到这个女孩，但她的眼神一直刻在我的心里，想忘也忘不掉。

没有规矩，不讲规则

有一次我到一个城市出差，住在朋友家里，朋友的女儿6岁左右。有一天，女孩邀请我陪她下跳棋，我欣然同意，我们坐在地板上，开始了第一局。

女孩将装跳棋的盒子打开后，先选择了三种颜色的跳棋，剩下的三种颜色就是我的了。开局后不久，我发现她没有按照跳棋的规则行子，棋子在她的手里，想怎么跳就怎么跳。于是，我开始告诉她下跳棋的规则："只有直线的地方才可以跳，不可以拐着弯跳。"她回应我："我一直都是这样跳的，当然可以拐弯跳啊！"我停了下来，坚持我的原则："跳棋的规则就是这样，不可以拐弯！"然后，我将她不守规则的棋子退回到原位，但她仍然坚持把棋子放到她想到达的位置，说："我和妈妈下棋就是这样跳的，我和外婆下棋也是这样跳的！"

我意识到了存在的问题，对女孩说："我们得谈谈，如果你坚持不守下棋的规则，那么，你就没有真正学会下跳棋，如果你以后与小朋友玩，他们一直都是按照规则下跳棋的，但你没有学会按照规则下棋，他们就会拒绝与你玩跳棋了，而且，他们会认为你根本不会下跳棋。"我观察到女孩的眼神有了一丝变化，我等待着她的决定。

女孩沉默了一会儿，说："三种颜色太复杂了，我们这盘不下了，换成每人一种颜色吧。"我们各自选择了一种颜色，开始了第二局。女孩开始下棋之后，依然按照她的意愿，棋子想怎么跳就怎么跳，我开始给她讲解下跳棋的原则，教她遵守下棋规则，她为了留住我这个玩伴，还是很愿意遵守规则的。但是，她不懂得玩法，总是走错路线。每当她走错的时候，我就提出来让她重新来过，告诉她正确的方法。就这样，女孩开始学习正确的跳棋规则。

朋友坐在我们旁边，看到了我与她女儿下跳棋的过程，对我说："我就是想看看你是如何处理这个问题的，每次我与她下棋，她都不按照规则来，每次她都要赢，我妈妈与她下棋也这样，我们都不知道该怎么办。"

其实，只要我们坚持下跳棋的规则，女孩的问题就可以解决了。在与女孩下这一局棋的时候，我很清楚她会输给我，但我也明白她非常想赢得这一局，孩子在游戏中都想获胜，这是他们的心理，他们不愿意遵守规则是担心自己输掉。因此，我做好了打算：这一局的主要目的是教会她遵守规则，让她明白当我们共同遵守下棋规则时，她仍然可以有获胜的机会，这样就能够帮助她建立遵守规则的意识，也能给予她自信。

在这一局中，女孩每次不按照规则走棋时，我都坚持让她退回到原位："不可以这样跳，你得回到原位，按照规则来。"她没有再做出反抗，每次我提出来让她返回，她都遵守，临近尾声的时候，我故意让她，最后她获胜了。

5~6岁的孩子在学习下棋的时候，完全可以要求他们按照下棋的规则进行，由于孩子是初学，又有获胜的欲望，我们可以适当给予他们获胜的机会。记得根儿5岁左右学习国际象棋的时候，我和孟爸买了专业的书籍学习，然后按照规则开始教根儿，根儿很愿意接受，孟爸与他下棋的时候，保持双方都有赢有输，这样既能够激发孩子的热情，也能够让孩子有积极学习新技术的动力。

我与女孩的跳棋游戏有了第三局，这一局我依然让她获胜。后来我离开了这个城市，没有机会再与女孩玩跳棋。如果我们还有第四局，可能我会让自己获胜一次，让女孩经历一次输棋，让她明白下棋有输有赢才是正常的状态，不会是一个人永远都赢得比赛，这样才会让女孩真正感受到跳棋游戏的魅力所在。

当孩子开始学习一个新的游戏时，最好在一开始就按照规则来进行，这样才是真正学会的过程。

陪伴需要用心

有一次，我到一个农家院的鱼塘边游玩，看到两个女孩在用渔网捞鱼。大一点的女孩大约10岁，她拿着一个渔网，每在鱼塘里捞一下，就会捞起几条小得几乎看不见的鱼儿和虾；另一个女孩大约8岁，手里拿着一个一次性水杯，水杯里有几条小鱼，大一点的女孩每次捞起鱼之后，就会小心地把鱼儿放进一次性水杯里。我和两个女孩一起玩了起来，女孩干脆把水杯递给了我，让我帮她们拿着。这个时候，女孩的妈妈过来了，我们开始聊天，妈妈告诉我：女儿很喜欢捞鱼，她就专门给女儿买了这个渔网，周末常常带女儿到有鱼塘的地方，满足女儿捞鱼的爱好，捞起来的小鱼都会被带回家里，家里专门为女儿准备了一个养鱼池，这些被捞起来的小鱼生命力非常强，比观赏的金鱼好养活……我心里感慨着这位用心的妈妈，她懂得满足女儿的需要，在用心陪伴女儿的成长。

与女孩的妈妈聊天之后，我来到了农家院的荷塘边，静坐在柳树下。此时，一个5岁多的男孩来到我身边，把一条食指长的小鱼放在了我身边的石桌上，手里还拿着一根渔线，小鱼拼命地挣扎，不一会儿就不动了。男孩用手拿着渔线想穿过小鱼的嘴巴，我问："你用线穿过小鱼的嘴巴干吗？"男孩告诉我："我要用线绑住小鱼的嘴巴，然后我拉着线让小鱼在水里游。"我明白了，他想像遛狗一样来遛小鱼，我告诉他："小鱼已经快要死了，如果你穿线在它身体上，它会死的。"男孩尝试了几次，都没有把线穿过小鱼的嘴巴，他决定去找父母帮忙。

此刻，男孩的母亲刚好来到我们旁边，男孩想让妈妈帮助他用线穿过小鱼的嘴巴，妈妈拒绝了，让他去找不远处正在钓鱼的爸爸，男孩迅速离开，朝爸爸跑去，妈妈不忘叮嘱男孩："小心，不要掉到水里了！"

10多分钟后，男孩拿着小鱼来到我身边，我看到小鱼的嘴巴已经被穿上了线，我问男孩："你的小鱼会在水里游了吗？"他回应我："心都出来了，不会游了！"我仔细一看，小鱼的内脏全部在身体外面了。男孩把拴着小鱼的线递到我手里，对我说："你拿着，小鱼还会活过来的，活过来以后就可以游了。"我告诉他："小鱼已经死了，不可能再复活了。"他坚持："会活过来的！"我坚持："生命死亡之后就不会再活过来了！"男孩低头沉默了一会儿，说："现在只有一个办法可以让它活过来，给它喂点吃的，它吃饱之后就会活过来了！"我告诉他："小鱼已经死了，不会吃东西了。"男孩说："那就把东西塞到它的嘴里。"我说："塞进嘴里它也不会咽下去。"男孩终于放弃了，感叹一声："它真的死了！"

男孩的妈妈在与朋友聊天，男孩的爸爸在钓鱼。男孩的小鱼死后，他很无聊地在农家院里转悠。他的父母把他带到这个农家院里，只顾着自己玩乐，没有用心陪伴孩子，看似一家人在一起，看似父母陪伴着孩子，其实，孩子很孤独。

10岁女孩的妈妈和5岁男孩的父母，他们都把孩子带到了这个农家院，但他们陪伴孩子的方式却大不一样。

破坏孩子的好奇心和探索兴趣

有一次在海边游玩，我看到一位爸爸抱着一个不到2岁的男孩，旁边跟着男孩的妈妈和其他家庭成员，妈妈拿着相机，爸爸的目光在四处搜索可以拍照的风景。

不一会儿，爸爸就发现了可以拍照的景点，他抱着孩子跨越了几个大石头之后，来到离海水最近的一块大石头上蹲下，让孩子的脚站在石头上，爸爸环抱着孩子，防止孩子跌入海里，准备与孩子合影。父子俩离我很近，我看到这个男孩对蓝蓝的海水产生了极大的兴趣，他弯下腰，伸出小手去触摸海水，此时，爸爸和妈妈看到了，大叫起来："嘿！嘿！"爸爸反射性地抱起儿子，男孩被这突如其来的吼声和爸爸的举动吓了一跳，大哭起来。

在爸爸妈妈的安抚下，男孩终于停止了哭泣，爸爸和妈妈并没有放弃在这个景点拍照的想法，爸爸像刚才一样把男孩抱到了大石头上，依然让男孩站在上面，依然用双手环抱着男孩，但是，这次他却非常警惕地抓住男孩的手，防止男孩去触摸海水。我再次看到男孩依然对蓝蓝的荡漾着的海水有着极大的兴趣，他努力挣脱爸爸，想用手去感受海水，他的眼睛一直盯着海水，而妈妈却一直对他喊："宝贝，看着妈妈，看着妈妈，看着妈妈呀！"爸爸一边控制着男孩，一边对着照相机摆造型，不时地把看着海水的男孩的脸扳向妈妈的方向，配合妈妈的喊声，让男孩的脸和眼睛都对着相机，此时此刻，男孩变成了一个道具。

2岁左右的孩子充满了对这个世界的好奇心和探究的热情，他们会用自己的感觉和知觉去了解这个世界的一草一木，这个孩子或许是第一次来到离海水这么近的地方，对于触手可及的海水，自然会涌动出探究的热情，这种热情让孩子不顾成人的阻碍，想尽办法来达成自己的目的。然而，2岁男孩的力量却不能够与成人抗衡，他终究没有触摸到海水，而被迫成为父母照片中的一个道具。拍照结束之后，爸爸抱着男孩离开了海边。

看到这一幕，我在想：天气这么热，孩子摸一下海水又不会被冻着，也不会掉进海里，为什么父母不满足一下孩子对海水的好奇和探究呢？他们为什么感受不到孩子的需要呢？

坐在海边，望着这对父子离去的背影，我回想起了类似的画面：

我参加一个亲子团到云南禄丰恐龙馆游览，这个亲子团里的父母没有人愿意听导游对禄丰恐龙生活史的介绍，孩子们本来想认真探索一下恐龙化石的愿望也被父母们强行干扰，他们忙着让孩子将恐龙化石作为背景，不停地拍照，从进馆一直拍到出馆，参观结束后，孩子们对禄丰恐龙的历史一无所知。

父母们只顾满足自己的需求，而忽视了孩子们的感受，岂不知，孩子们的探索精神是促进他们学习和成长的源动力。

一次在机场的候机厅里，我旁边有一对外国夫妇，带着一个2岁左右的小男孩，小男孩正独自在一旁玩耍着。此时，一个年轻的妈妈也带着一个2岁左右的男孩从我们旁边经过，看到外国小男孩后，中国男孩突然站住不走了，看着这个外国男孩发笑，两个男孩迅速开始用眼神和肢体交流。中国小男孩上前拉外国男孩的手，外国男孩也非常配合，就在这个时候，中国妈妈大叫一声："儿子，转过来，妈妈给你照相！快点转过来啊！"两个男孩愣住了，迷茫地看着中国妈妈，中国妈妈拉扯了一下自己的儿子，让儿子靠近外国男孩，摆出造型，不停地拍照。外国妈妈见状，友好地对中国妈妈笑了一下，然后蹲下身体，抱起了自己的孩子。看得出来，她不希望自己的儿子成为摆拍的道具，中国妈妈的做法让她感到自己的儿子没有被尊重。就这样，两个孩子探索人际交往的过程被中国妈妈破坏了。

　　好奇心和探索兴趣对儿童来说是至关重要的，父母要尽力保护好它们，在满足孩子需求的同时，也能够培养孩子的求知欲、思维能力和创新能力。

不会写中文的中国女孩

曾经，我为一所国际学校的中国学生讲授善解童贞系列12～13岁孩子的课程，课程分为两个半天，每一个半天结束后，我会让孩子们写出自己内心真实的感受，作为半天课程的结束。

在第一个半天课程结束前，我让孩子们写出自己内心感受的时候，一个女孩对我说："老师，我不会写。"每一次课堂里，都会有学生发出这样的声音，我告诉她："你只要写出自己的内心感受就可以，不会写的字可以用汉语拼音，不是写作文，也不需要写太多。"一般情况下，学生就会理解我所说的，也不会再提出疑问。但是，这个女孩依然看着我，她认为我没有理解她。我问她："你还有什么不清楚的吗？"她小声说："我不会写中文。"我说："没有关系，你是在国外长大的吧？不会写中文就用英文写吧。"她低下了头，旁边的一位女孩听了我们的对话，告诉我："老师，她是在中国长大的。"我愣了一下，说："没有关系，你就用英文写吧。"

这个女孩突然让我想起之前也出现过类似的情况，只是没有引起我的注意。在一次为8～9岁孩子讲授性健康教育课程的时候，上课之前，一位母亲找到我，她问："胡老师，你的课堂要求孩子写字吗？需要孩子做笔记吗？"我告诉她："不需要，只要孩子积极参与到讨论中就可以。"她放松地笑了笑，告诉我："我女儿不会写中文，只能够听懂中文，所以，我有这个担心。"我自然地说："哦，你女儿在国外长大吧，能够听懂也很不错了，你不用担心。"她回答我："她在中国长大，从小读国际学校，都是用英文交流，写作业也都用英文。"我非常吃惊，问她："在中国长大，不会写中文？"她笑笑，指着女儿旁边的一个女孩，告诉我："这是我女儿的朋友，她也不会写中文，她们从小一起长大。"我忍住了，没有再说什么。后来，我看见女孩与这位母亲和她的朋友讲话，都用英文。这是我第一次遇到在中国长大、在中国上学读书的孩子，不会写中文。

第二次遇到这样的情况，是在一次10～11岁孩子的性健康教育课堂上，这些孩子也来自国际学校。课程结束后，我让孩子们写感受，等我将他们写的感受收上来看时，发现有三位学生是用英文写的。在与家长交流的环节中，我通过家长得知，这些孩子在中国长大，从小在国际学校读书，不会写中文。

在这次12～13岁孩子的课堂上出现学生不会写中文，是我在不到一年的时间里，第三次遇到这样的情况。在这次课堂结束后，我与家长们进行了沟通，我提出了几个问题让这些国际学校的学生家长思考：第一，我们是中国人，在中国长大，说着母语，看着中文，却不能够写出自己的文字，父母们该如何看待这个问题；第二，未来，这些不会写中文的孩子会以中国人的身份到国外生活、读书、就业、恋爱、结婚、生子，在异国，无论你的英文多么棒，别人也会认为你来自中国，你告诉别人你不会写本国的文字，异国人民会如何看待你这个中国人？

一个人的自我认同包括了对自己的民族和文化的认同，父母自己身为中国人，却不让孩子学写中文，排斥自己的母语文化，让孩子的自我认同受到挫折，父母是否应该对这种现象进行反思？

Chapter 5
父母自身存在的缺陷

每一位父母都有自身的缺陷，养育孩子的过程让父母将这些缺陷暴露无遗。为了帮助孩子成长，父母必须敢于面对自己的缺陷，并勇于做出改变。

缺乏解决问题的勇气

一天早上，我接到一位母亲的求助电话，她的声音显得非常紧张，断断续续的述说中我明白了她孩子发生的事情。

她的儿子7岁，刚上小学一年级，有一天放学之后，她发现儿子的书包里有一个漂亮的练习本，这个练习本不是孩子的。此刻，她首先想到的是孩子偷拿了别人的本子，于是非常生气地问孩子本子是从哪里来的，孩子被她的愤怒吓得哭了起来，不敢说明，于是她断定孩子一定是做了不好的事情，一气之下打了孩子一顿。后来，孩子终于说明了练习本是老师的，每天，老师在练习本上记录班级的一些事情，然后就把练习本放在教室里，孩子发现这个练习本特别漂亮，他非常喜欢，就拿起来放进了自己的书包。练习本在书包里放置了两天，便被妈妈发现了。

这位母亲在电话里问我如何处理这件事情，她觉得孩子才上学就偷老师的本子，这是极其严重的问题。我向她说明了我的看法：第一，孩子是因为喜欢这个练习本，爱不释手才把练习本放进了自己的书包，这个行为虽然没有经过老师的同意，但这是孩子不懂得如何处理事情的表现，不能够说明孩子的道德品质不好，不要再打骂孩子；第二，明天你和孩子一起找到老师，把练习本还给老师，向老师说明孩子的本意，并让孩子向老师道歉；第三，妈妈带孩子到商店，让他任意挑选自己喜欢的练习本，然后为孩子购买；第四，告诉孩子，如果要想拿别人的东西，必须经过别人的同意，如果别人不同意，就不可以拿。通过这次事件，既可以让孩子懂得规则，还可以弥补妈妈以前对孩子教育的缺失。

此时，电话那头突然出现了哭声，这位妈妈抽泣着，说："胡老师，我不敢！"我以为自己听错了，"你什么不敢？""我不敢带孩子找老师，呜呜呜……""为什么不敢带孩子找老师？"这位妈妈大哭起来："呜呜呜……练习本已经放在孩子书包里两天了，我怎么去和老师说啊，老师一定认为是孩子偷了她的练习本，我该怎么办？呜呜呜……"她一直哭泣着，我突然感觉到很悲哀，这位母亲对自己弱小的儿子又打又骂，却没有正确解决这件事情的心理力量，在老师面前，她既缺乏勇气又缺乏智慧。

我认为，这次儿子拿了老师的练习本，是上天给予这位母亲构建自己勇气和力量的机会，我鼓励她："老师都是通情达理的人，孩子刚上小学不久，发生这样的事情老师一定能够理解，只要你真诚地与老师交流，说明孩子的情况，老师不会责怪孩子的。"电话那头依然传来哭声："胡老师，我真的很害怕，我不知道老师会怎样对待我和儿子。""一本练习本丢失了两天，现在又回到老师的手里，你觉得老师会有怎样的反应呢？""我不知道，呜呜呜……""老师会感到高兴啊，按照我说的去做，老师会觉得你很配合对孩子的教育！""老师真的不会骂我吗？""当然不会啊，你只要做到真诚地向老师说明情况，孩子真诚地向老师道歉，老师不会把这件事情看得很重的。"她终于停止了哭泣："那我就放心了，我今天下午就去找老师，按照你说的做，谢谢你！"

第二天，她打来电话："胡老师，我带着孩子找到了老师，儿子把练习本还给了老师，也向老师道歉了，老师没有骂孩子，她对我们非常客气，谢谢你！"

这位母亲在曾经的成长经历中，传承了动辄就将孩子的行为与道德品质挂钩的错误教养方式，导致了她对孩子的行为缺乏判断是与非的能力，同时，她缺乏面对权威（老师）的心理力量，缺乏解决问题的勇气和智慧。这些自身成长中的缺陷，在她解决孩子问题的时候便呈现了出来。这次解决孩子拿笔记本的问题，会帮助她修复自己的成长缺陷。

我看到她经历了这一次事件之后，已经成长起来，并拥有了解决问题的勇气和力量。

缺乏独立自主精神

儿子5岁了，他不愿意参加任何竞技类的活动，害怕输，每次参加幼儿园的活动，他都没有想赢的动力和信心。有的时候，即使他做事做对了，只要别人坚持说他是错的，他也会认为是自己错了，从来不会坚持自己的想法。无论在家里还是在幼儿园，他走路一般都是躲在墙角，玩游戏也是玩简单重复性的，每天都是玩玩具汽车，用手拿着汽车从床头推到床尾，从早上推到晚上，既没有场景也没有其他动作。儿子在幼儿园因为淘气被老师罚，坐在小黑屋里，我找幼儿园园长和老师谈过，老师认为我告状，反而对孩子不理不睬。

儿子从小一直都是奶奶带着，奶奶是个强势的人，她不允许别人发出反对她的声音，如果有不同的意见，别人才刚说半句话就被奶奶压下去，家里很多的事情也都由奶奶控制着，我无法和她抗争。

我结婚比较草率，和老公没有什么共同语言，他每天只是坐在沙发上看电视，主要看一些娱乐节目，从来不带孩子玩。我们周末到公园玩，他只顾玩手机，只有我陪孩子打球、玩游戏。他缺乏事业心和上进心，每次我说他，他都说会努力，然后再告诉我困难太多，我该怎样教育他呢？

我把孩子和家庭当作自己的事业，目前我没有工作，没有经济收入，我不能够主宰自己的生活。我认为女人应该相夫教子，我在努力做个好妈妈，当孩子在看电视剧时，我都会琢磨这个行为会导致什么样的教育后果。但是，我相夫做得很不到位，感觉自己心有余而力不足，不知道要如何改变他，让他变得积极上进。现在，面对奶奶的强势和丈夫的现状，家庭环境我想我是没有能力改变了，幼儿园的环境我也无能为力。我该怎么办？

这位母亲存在的问题是：由于对自己的不负责任导致了草率的婚姻，而对于婚姻中存在的各种问题，她都寄托于改变他人，将改造他人作为证明自己价值的方式，而从未思考过如何改变自己。看到孩子的现状，她无能为力，她不明白，改变他人和环境很难，能够做到的就是改变自己。我给这位母亲的建议：

第一，做一个能够主宰自己生活的人，先从经济上的独立自主做起，找一份工作，有一份收入，这是最直接的独立。相夫不是要求丈夫要达到你的想象，教子也不是对孩子说教，而是你的精神气质和独立自主的人格魅力对他们的影响。

第二，改变家庭现状。如果母亲有决心给孩子一个正常成长的空间，就会有勇气改变奶奶控制全家的局面。如果条件允许，妈妈可以自己照顾孩子，或者请保姆照顾孩子，奶奶也可以免去照顾孩子的辛劳，过自己的晚年生活。当然，如果母亲无力改变这一切，家庭生活依然如故，就要接纳当下的一切，不要纠结孩子的成长和先生的不进取，因为这一切与奶奶密切相关。

第三，为儿子换一所真正爱孩子的幼儿园，如果那位关孩子小黑屋的老师对孩子缺少爱心，你的话语不足以让她做出任何改变，让孩子离开是最好的选择。

第四，不要把改造丈夫作为事业，如果你决定和他继续生活在一起，就认同他的现状，接纳他的不进取。早在他童年的时候，他的母亲就构建了他现在的精神状态，而且，现在仍然控制着他的精神世界，你能够做到的就是改变自己。

第五，不要把儿子作为自己一生的事业，你丈夫的母亲就是将你的丈夫作为了自己一生的事业。孩子会长大，会有自己的思想和生活，你需要建立自己的生活，成为一个独立自主的人。

盲从于老师的决定

我的儿子刚刚上初中,昨天他放学回来后,告诉我班主任老师让他当老师的眼线,还说会替他保守三年的秘密,不会让其他同学知道他是眼线。儿子很为难,但又不得不答应老师。我知道在学校里,同学都很讨厌眼线,但也不能够拒绝老师的要求。我担心儿子不能很好地权衡和处理与同学和老师的关系,我个人觉得儿子的人际关系培养是很重要的,真的不知道该怎么办了。

遇到这样的问题,我们首先要判断老师的做法是否正确,很明显,老师让学生来当眼线的做法是错误的。这样的错误在于:将眼线学生处于全班同学的对立面,让眼线学生的心理处于"阴谋"的状态中。内心怀有对同学的愧疚和不安,会影响孩子与同学的坦然交往;巨大的心理压力,会破坏孩子在青春期人际交往能力的发展,扰乱孩子自我价值的认同。在昆明的一所中学里,一位初三女孩就是因为做老师的秘密眼线,不堪忍受这样的压力,最后跳楼身亡。

很多时候,父母对老师的盲从,以及让孩子顺从老师之后获利的思维,让父母失去了判断是非的能力。于是,孩子在顺从老师可以获利的思维下,违背自己的心愿,顺从老师的要求。在这个案例中,父母与孩子都没有忠于自己的内心。母亲希望孩子的眼线工作能够在师生关系之间达成平衡,这可是经过特工训练的人才能够达到的技术水平,对于这个孩子来说是无法企及的。最终结果必然是孩子成为全班同学的对立面，失去朋友和同学的友情。

给父母的建议：与孩子一起讨论老师的做法是否正确，是否要顺从老师的要求。父母要有勇气支持孩子坚持自己内心的想法，帮助孩子拒绝老师的要求。通过这次事件，父母可以让孩子学习到不盲从权威，敢于拒绝违背自己意愿的事情。

逃避责任

我曾经与一位妈妈交流，她谈到了自己11岁的儿子，于是我们有了以下的对话：

她："我的儿子不愿意上学，每天上学时故意磨蹭，导致天天上学都迟到，每天老师布置的作业，孩子都不做，现在老师也不管他了，我该怎么办呢？"

我："孩子每天迟到，你为什么不帮助他解决这个问题呢？你可以每天早上让他按时起床上学啊？！"我认为这是完全可以由父母解决的问题。

她："我要忙自己的事情，老师让我把孩子接回家，现在他每天不上学，在家里玩，作业也不做，他说他讨厌做作业。"

我："孩子在家里做什么呢？他总该有自己喜欢做的事情吧？"

她："没有一件事情能够让他喜欢，他也不会坚持做好一件事情，每天无精打采，无所事事地在家里转悠。"

我："你觉得孩子不上学，不做作业，他现在快乐吗？"

她："我觉得他不快乐，每天很烦躁。"

我："面对孩子现在这样的情况，你做了哪些努力来帮助孩子？比如早上要求孩子准时到学校，每天督促孩子做作业，陪他一起看书、看电影，等等。"

她："我觉得自己现在还没有成长好，我没有能力来帮助他，我要先完善自己。现在，我每天去学弹琴、唱歌、读经、瑜伽，还去上灵修课，帮助我成长心灵，等我成长好了，再来帮助儿子吧。"

我："儿子能够等到你完善了之后再来帮助他吗？他在一天天长大啊！你要是10年都没有成长好，到那个时候，你的儿子已经21岁了，怎么办？"

她看着我，一脸的茫然。

她："但是，我现在还没有成长好，怎么帮他？"

我："你可以每天早上让儿子准时起床，准时进到教室里上课，每天放学后与儿子一起做作业，带他一起爬山、游泳，和他一起读书、游戏，这些事情你现在就可以做到的，不需要等你读几年经、练几年瑜伽、弹琴唱歌几年之后才可以做啊！在帮助儿子做好这些事情的时候，你也可以读经弹琴。这样，你和儿子就共同成长了嘛。"这位妈妈不再说话了。

陪伴孩子成长的过程需要我们付出极大的心力。陪孩子起床，为孩子做早餐，陪孩子做作业，分享孩子的快乐与痛苦，帮助孩子学会自我管理，为孩子的健康成长去学习育儿知识……这是我们耗尽心血的过程。当我们不愿意为此付出时，就会选择逃避。

相比之下，唱歌、弹琴、读经、瑜伽、插花是令我们身心愉悦的过程，是我们卸下使命和责任之后对生活的享乐，而母亲的成长不是在享乐中完成的。母亲的成长需要面对自己的成长缺陷，需要有勇气改正自己的错误教育观念和方法，需要对孩子无怨无悔地付出，才能够收获作为母亲的幸福与快乐，这是一个痛苦而挣扎的过程。

这位妈妈为了让自己和他人认为她没有放弃孩子，便以"先自己修炼，再帮助孩子"的说辞来自欺欺人，其实，她的内心已经放弃了对孩子的帮助。现在，有一批这样的妈妈，她们用最少的时间来陪孩子，不为孩子做饭洗衣，不陪孩子看书写作业，不管理孩子的品行，不陪孩子玩耍，游离于孩子的精神世界之外，她们将自己定义为"正在自我完善的妈妈"，她们完善的方式就是放弃对孩子的责任，不再为孩子的成长付出心力，每天插花、喝茶、读经、学佛、上心灵成长课程、唱歌、弹琴，等等。

不够爱孩子

一位妈妈向我讲述了她女儿成长中遇到的问题。孩子2岁10个月，一直由外婆照顾，外婆每天逼迫小女孩吃饭，还经常恐吓她："你不吃饭我们就不爱你了！把你送到别人家去！"在这样的恐吓之中，女孩失去了安全感。担心失去家人的爱，她讨好家里的每一个成人，常常问："妈妈你爱我吗？你真的爱我吗？""外婆你爱我吗？你真的爱我吗？"

这位妈妈告诉我："我不知道怎么来改变我母亲的做法，我知道不可以恐吓孩子，我也清楚孩子的安全感被我母亲破坏了，但我无法抗拒母亲。"

我："你可以每天下班后，自己带孩子，让孩子自己决定吃饭的量，不要让你的妈妈再给孩子喂饭，还要告诉你妈妈不可以这样恐吓孩子。"

她："但是，我每天下班后已经很累了，我不想带孩子，就在外面吃饭，和朋友玩，回家后孩子也已经睡了，我就直接睡觉。"

我："你之前不想改变可以理解，但你现在已经意识到母亲的做法给女儿带来了伤害，难道还不想改变吗？"

她："我可以做些什么呢？"

我："每天你可以给孩子做早餐，和她一起开始愉快的一天，下班后全身心地陪她一起玩，让她感觉到你的爱是真实存在的。这样，她就会相信你是爱她的，你需要帮助她意识到这一点，她就不会乞讨你的爱了，孩子对爱就有了安全感。"

她："天啊，我得少睡半小时的觉！这怎么可以呢？我要付出太多的时间和精力了,我做不到,也没有时间陪她玩!"

我:"你太爱自己了!心里没有装着女儿。"

她:"我真的不爱女儿,不过我还是要帮助她成长,但我内心没有力量,不知道该怎样来改变当下的局面。"

听到她说不爱自己的孩子,我已经理解了她为什么不愿意牺牲半小时的睡眠来陪伴女儿。

我:"你从来不做照顾女儿的事情,不和她一起吃饭,不陪她玩,你与孩子没有情感联结。你都不爱孩子,何谈帮助孩子成长?"

她:"等我先成长起来,等我内心有力量了,我再来帮助孩子吧。"

我:"陪孩子玩耍,每天晚上给孩子讲故事,每天和孩子一起吃一顿饭,帮助孩子成长为身心健康的人,这需要你的心力,也可以帮助你成长内心的力量。"

她:"但是我做不到,我还是想让我的妈妈来做这些事情。"

这位母亲不爱自己的孩子,她将这份养育孩子的责任让位给了自己的母亲。我们每天为孩子做饭,与孩子共进早餐、晚餐,陪伴孩子玩耍,帮孩子制作玩具,以及我们给孩子的每一次安慰、回答孩子的每一个问题、给孩子讲的每一个睡前故事……这些看似琐碎的事情正是我们与孩子建构亲情的重要元素,缺失了与孩子在一起的点点滴滴,我们将缺失对孩子世界的了解,更谈不上帮助孩子成长了。

不懂得倾听孩子的心声

这是一位母亲给我的来信：

胡老师：

您好！

我的女儿10岁，昨天，她突然对我说："人生很无聊，每天都做同样的事。"我听到她的话感觉很难受。从小到大，从她的吃、穿到教育，我们都尽力提供了最好的条件，我除了上班，所有的时间都用来照顾她，她竟然产生了这种想法，让我难以忍受。

我对她说："你这样说让妈妈很生气，也很难受，你是不是想和别的小孩一样到外面去疯啊！什么都不要学，你就觉得不无聊了。你觉得哪个家的生活能让你不无聊，你就到哪个家里去好吧！你现在就可以走。"她哭了，开门走了出去，我把她叫回来了。哎！真不知道要如何教育了。

后来我打电话给老公，老公说："小孩子的脑部还没有发育好，有时说的话就是随口说一下，不要太在意，如果你有精力可以引导一下，觉得累了，就不要去理睬了。"

我后来问她："那你觉得什么才不无聊？"她说她不知道，她就是觉得每天都做同样的事。我告诉她："你看你今天游泳就比昨天要好，可以把头埋进水里了，就和昨天不一样；你看妈妈晚上做了新的菜品给你吃，还特意做了一个猫头鹰的图案……每天都有不一样的改变啊！"

到了晚上，我想了很久，反省了自己的态度，我觉得自己过于在意她说的话了。其实她根本不知道何谓"无聊"，就是随口说了一下，是我把问题扩大了。我应该如何去弥补我的错误？如何与女儿相处和沟通呢？

在这封信中，我们看到女儿对生命的感受是"无聊"，而母亲却认为女儿的生活很丰富，母亲和女儿对同一个屋檐下的生活出现了两种感受，母亲需要认真倾听和了解女儿为什么会有"无聊"的感受，但母亲没有这样做。

这位母亲存在的问题是：在她的逻辑里，为女儿尽力提供了最好的生活条件和无微不至的照顾，女儿就必须要感觉生活是美好的，她不允许女儿对生命有真实的感悟和表达，因为一旦女儿真实的表达中有对现在的不满，她会感觉自己的付出被否定，所以，她才对女儿真实的感受进行否认、歪曲、甚至处罚，将女儿赶出家门。她不知道，如果女儿放弃自己真实的感受，一切都附和着母亲，女孩将失去自我。

我告诉她要接纳孩子的感受，接纳就是对孩子的真实感受要真诚地认同，她说："我想告诉她自己错了，没有接纳她的感受，而且不应该发那么大的脾气叫她走。"我回应："如果你真正认同了孩子的真实感受，你可以这样说。如果你内心不认同，就不可以这样说。我希望你发自内心地接纳孩子的真实感受。"

如果母亲真心认同了女儿对生命感觉无聊的说法，她需要反思：为什么女儿会有这般感受？她可以与女儿慢慢地交流，让女儿将内心的想法说出来，或许女儿不愿意每天学游泳，或许女儿需要有自由玩耍的时间。她需要静心倾听女儿的每一句话，想一想女儿为什么感觉不到生活的幸福和快乐，想一想父母应该怎样做，才能让孩子感觉到生活的乐趣。

不为孩子提供有效的保护和帮助

一位妈妈给我来电话，讲述她8岁儿子的种种问题："老师反映儿子上课不认真，小动作不断，不能集中注意力，上课弄出响声，与同学的人际关系不好；同学都认为儿子是班级里最坏的孩子，老师也认为儿子是班级里表现最差的学生；儿子的成绩一般，学习不努力……"妈妈在电话里不停地控诉儿子。我打断她的话，问："你认为自己的孩子是怎样的，是像老师说的这样吗？"这位妈妈说："我知道我的儿子是一个爱思考的孩子，他很有个性，像《窗边的小豆豆》里的那个小豆豆一样。但是，胡老师，现实就是这个样子啊！孩子不努力学习，习惯不好，这怎么行呢？我真不知道该怎么办啊！"我说让孩子来上我的课，我要看一下孩子在我的课上是怎样的，于是，妈妈带孩子来到了我的工作室。

这一天，孩子在我的工作室里上了三节课，上午两节课，下午一节课。在这三节课中，孩子并没有像妈妈说的那样，他上课非常认真，而且在上课的8个孩子中，他是思维最棒的一个，提出的问题最有深度，他是我欣赏的那一类孩子。

下午的课结束后，我与孩子进行了单独的交流。我们来到小房间里，一起坐下，看得出来，孩子通过今天的三节课已经对我很信任了。进入话题后我们的对话如下：

我："我的课你觉得很有意思，所以你今天的表现很棒啊！"

男孩："嗯，我觉得你的课很好玩。"

我："与你们学校平时的语文、数学课相比，有什么区别呢？"

男孩："我觉得学校的课很无聊。"

我："学校的课是怎样的无聊？"

男孩："老师在课堂上要求预习，我预习以后就基本搞懂了90%，剩下的10%对我来说也不是问题了。"男孩的眼睛里放着自信的光。

我："嗯，看来你完全可以自学了啊，自己就能够看懂几乎全部的内容了，那么你的学习成绩应该不错吧？"。

"我的成绩不怎么样。"男孩听到我的话后，眼神黯淡下来。

我做吃惊状："怎么会呢？你都能够自己学懂了啊！"

男孩："但我的考试成绩就是不好，所以老师和同学不喜欢我。"

我："如果你在预习的时候能够看懂90%，有10%虽然对你来说不难，但还是要认真对待啊。或许，考试的时候就考到那10%了，你的成绩就出了问题。"

男孩："可能是吧，那10%我没有学好。"

我："我觉得你要考出好成绩是没有问题的，只要你重视一下那10%就可以了，你觉得呢？"

男孩点着头，接着说："胡老师你今天讲到每个人都有自己的宝石，我的宝石是音乐。我喜欢音乐，现在我在学习钢琴，而且我弹得很好。"

我惊喜地说："那就太好了，每个人都要保护好自己的宝石！那么，你认为现在在学校你遇到的最大困难是什么？"

"同学欺负我！"男孩一脸忧伤。

我："他们怎么欺负你？"

"我们班长带领一帮人，骂我猪头。他经常这样欺负我！"男孩愤怒地说。

"班长这样做是不对的。你把这件事情告诉老师了吗？你可以寻求老师的帮助啊。"班级里发生这样的事情，老师应该出面解决问题。

"没有用的,老师不喜欢我,老师喜欢班长。"男孩显得很无助。

"那你可以寻求父母的帮助啊!如果我的儿子这样被欺负,我会直接找到这个班长,警告他不可以这样对待我的孩子!"当孩子得不到老师的帮助,自己又不能够摆脱这样的困境时,父母就需要出面来对付欺负孩子的人,让孩子感受到自己身后有人支持,感受到有爸爸妈妈在,就没有人敢这样欺负我。

"我告诉爸爸妈妈了,他们总是说'不要理他,不要理他',如果要我妈去找那个班长,我妈也没有那个胆!没有那个胆!没有那个胆!"男孩显示出更加无助的样子。

我:"那你可以找爸爸来帮助你。"

男孩:"爸爸经常不在家,唉,我好想我爸爸能够经常和我在一起!我好想他帮我,可是他不会帮助我的。他没有时间帮助我,他很忙!"

我为男孩感到悲哀。当孩子遇到这样的困难时无法获得父母的支持,父母在孩子的眼里,成为不能信赖和依靠的人,这将让8岁的孩子失去安全感。孩子的安全感来自父母给予的情感和精神上的支持,这是一个人获得精神和心灵力量的根本。安全感是儿童心理健康的基本保证。如果一个孩子连基本的安全感都没有,又如何能够安心学习?!

在学校里,因为男孩成绩不佳,上课不专心,所以不受老师待见,受到同学欺辱时,老师也不会为男孩主持正义。父母和老师都没有告诉男孩和班长什么是正义,什么是不正义。孩子们的行为无人引导,品行如何得到培养?孩子在这样的环境中成长,人格的大梁就会偏斜。

男孩的妈妈不停地在孩子身上找问题,却从来没有用心去感受孩子,从来没有用心去倾听孩子的心声。当妈妈在说孩子优点的时候,短短两句之后必然是一句:"但是,现实……我希望孩子能够上课专心,听老师的话……"男孩的妈妈告诉我,她看了我的博文《始终与儿子站在一起》系列,她说:"你是因为儿子成绩好啊,所以可以这样做啊!"我知道她根本就没有看懂我的文章。我说你需要好好想一下"始终与儿子站在一起"这句话，想通了你才能够理解我的文章。

当我们认为自己的孩子有无数问题的时候，我们要审视一下自己，我们是否了解孩子行为背后的原因，我们是否读懂孩子行为的原意。没有一个孩子会告诉我们："妈妈，我心理出问题了，需要你帮助我。"当孩子心理有问题的时候，他们一定是通过行为表现出来的。有些行为看似不符合学校的规范或者社会规范，比如孩子故意不写作业、故意上课捣乱、故意逃课、抽烟、打架、早期性行为等，这些行为恰恰是孩子发出的呼救声。孩子的越轨行为越重，他的求救就越迫切。这个时候，就看大人是否能够听懂孩子的心声。大多数认为自己孩子问题多的妈妈，其实自己才是问题妈妈。

当孩子在校园被同学欺负时，父母应该挺身而出，让孩子脱离这样的境地。记得根儿上小学四年级的时候，班里有一个男同学总是喜欢欺负他，不是拿根儿的学习用具，就是对根儿恶作剧。有一天，根儿放学后回家告诉我：上游泳课的时候，这个同学抢了他的泳镜，根儿要上前拿回自己的泳镜，却被他扔给了其他同学，直到下课，根儿也没能拿回自己的泳镜，好不容易盼来的游泳课也没有办法上了。得知这个情况后，我想，该是我出面的时候了，我要让这个男孩知道，他不可以随便欺负根儿。

吃过晚饭，我和根儿一起来到了学生宿舍，生活老师听了我的讲述，请这位同学拿出了根儿的泳镜，他把泳镜还给了根儿。我当着全班男孩的面，告诉这位同学："以后，你不可以随意拿孟根屹的任何东西，我也不会允许你欺负他！"

从学生宿舍出来后，根儿非常开心，他紧紧地挽着我的手臂，充满信任地看着我。我告诉根儿："以后，他再也不敢欺负你了！"的确，这个男孩再也没有拿过根儿的文具或者其他东西。

校园里总是有极少数的孩子喜欢欺负别的孩子，以欺负和捉弄其他同学为乐。他们喜欢以这样的方式来引起同学对他的注意。当自己的孩子遭受校园暴力时，可以引导孩子寻求老师的帮助，在不能够得到老师的帮助或帮助无效时，需要父母直接出面，帮助孩子解脱困境。

容忍家庭暴力

一次，一位女博士和我聊到了她的丈夫。她的丈夫博士毕业，目前在一家大公司工作，收入可观，她自己在一所大学做教师，他们有一个4岁的儿子。按照世俗的标准来看，这是一对学业和事业都成功的夫妻，这是一个看上去让人羡慕的家庭。人们理所应当地认为：他们的生活一定很幸福。

然而，女博士却每天战战兢兢地生活在丈夫的拳头之下。丈夫对妻子百般挑剔，对她做的每一件事情都不满意，经常挥拳相向。女博士告诉我，有一天丈夫说要喝水，她赶忙拿起水杯倒水递给丈夫，然而接过杯子后丈夫却说："这个杯子能用来喝水吗？"她说："这个杯子怎么不能喝水了？我洗干净了啊！"丈夫立刻发怒："你敢和我顶嘴！"随即便拳脚相加，打得她鼻青脸肿。女博士说这样的情形经常发生，甚至当着4岁儿子的面也毫不避讳。

女博士的丈夫曾经生活在一个有暴力的家庭中，他的父亲经常当着他的面对他的母亲拳打脚踢，父母并没有意识到这样的环境对儿子的人格会有怎样的影响，也没有解决他们之间的暴力问题，母亲就这样隐忍下来，将生活的希望全部寄托在儿子身上。儿子是在妈妈的"严格要求"中成长起来的，妈妈总是对儿子提出更高的要求，儿子优异的学习成绩是母亲慰藉和支撑自己希望的良药。年幼的男孩支撑着母亲的希望，背负着让母亲幸福的沉重责任，忍受着母亲对自己的百般挑剔，男孩在这个家庭中没有体验过幸福的感觉。家庭暴力带来的恐惧感、缺失了的安全感，加之带给母亲幸福生活的沉重压力……这一切在男孩内心慢慢积淀,变成了愤怒。这些隐藏在男孩心灵深处的愤怒从来没有被清理过,它像一头怪兽吞噬着男孩的精神健康,像一把利剑一次又一次划伤男孩幼小的心灵。当男孩成为丈夫后,妻子成为这头怪兽的受害者,丈夫心灵深处的伤痕在破坏着这个家庭的和谐和幸福。当年父母对他的伤害成为他如今心理疾患的根源,尽管他多次表达了歉意,但是,家庭暴力并没有减少,反而越来越多。妻子曾经多次建议他去看心理医生,为了家庭的和睦美满进行心理治疗,但是被他拒绝了。

当女博士向我述说这一切的时候,我终于忍不住问她:"为什么不离开他?"她流着眼泪说:"我是为了4岁的儿子,才一直忍受着他的暴力。"我告诉她:"你的家庭现状,就如同你丈夫当年的家庭,你的儿子,正在经历你丈夫小时候所经历的苦难。如果你保持沉默,你的孩子将受到最大的伤害。"多年来,她忍受着丈夫对自己的暴力行为,在这种没有尊严、没有爱、没有安全感的生活中,她根本没有心力来爱孩子。

在她的生命中,为什么缺少了保护自己生命安全和尊严的力量?虽然她的父母非常在乎她的学业,但是,他们却让女儿的精神变成了残疾。一个精神残疾的博士又怎么能够争取自己的权利和幸福生活?又怎么能够保护自己的孩子健康成长?

按照自己的思维要求孩子

我和孟爸到大理游玩时，住在一家客栈里，这里汇聚了很多从外地来到大理的家庭。父母们带着孩子到大理来寻求新的教育理念，也来感受这里的教育气氛。

一天下午，妈妈们准备带孩子去大理学院的操场踢球，我和孟爸也一起前往。出发前，客栈里的4个孩子开始分配他们前一天自制的水果冰激凌，我们需要等孩子们吃完冰激凌后再出发。

此时，我看到一个6岁左右的男孩没有到厨房与小朋友们一起分冰激凌，他认为自己之前没有参与做冰激凌，所以没有他的份儿，便与妈妈商量："等会你给我买一个冰激凌，好吗？"妈妈很干脆地回答："不行！"男孩再次央求，要妈妈答应给他买冰激凌，妈妈有些不耐烦，愤恨地说："说了不买就是不买！"男孩开始哭闹着打妈妈，妈妈开始还忍着，后来便发了火："你不可以打我！"男孩还在争取："我就要你买冰激凌，就要！"

这时，几个孩子从厨房里端着用碗盛装的冰激凌陆续走了出来，每个孩子都认真地吃着。男孩见状之后，更加大声地要求妈妈给自己买冰激凌，妈妈用背对着孩子，不理睬他的要求，孩子扑打着妈妈的背，让妈妈很恼火。

看到这里，我坐不住了，上前将母子分开，把妈妈拉到一边，小声地问："是不是你从来不允许孩子吃冰激凌？"妈妈说："不是的，平时我也给他买冰激凌，但今天不想给他买！"我问："为什么呢？"她回应我："他平时与这几个小朋友的关系不好，我就是要让他自己体验一下，与小朋友关系不好的感受，然后让他自己主动与小朋友搞好关系。"我明白了妈妈的意思：小朋友们都有冰激凌吃，现在要让孩子在没有冰激凌吃的困境中，去反思自己与小朋友的关系，然后主动找到与小朋友修复关系的方法，重建与小朋友们的友好关系。

这位妈妈在按照自己的思维和想法要求孩子，她完全不懂得6岁孩子的心理和能力是无法达到她的要求的。我告诉妈妈："你这样的做法是错误的，每个小朋友都在吃冰激凌，没有他的份，他的心理和情绪是怎样的，你能够理解吗？假如你是他，你现在看到小朋友都在吃，你有什么感受？"妈妈看着我，没有讲话，我继续说："现在，我去与你儿子交流，我会让他为刚才打你的行为向你道歉，但是，你要答应给他买冰激凌，可以吗？"她愿意配合我，说："可以的。"这个时候，另一位妈妈过来告诉我："我们给他准备了一份冰激凌，因为太硬了，我们想等冰激凌变软一点再给他。"

我来到房间里，在柜子的一个角落找到了蜷缩在那里的男孩，我蹲在他身边，对他说："我们可以聊一下吗？你是有一份冰激凌的，只是要等一会儿。"在我们短暂的交流后，他离开了角落，我们一起坐在了沙发上。此时，一位妈妈给了他一份冰激凌，他非常高兴地吃了起来。其他几个孩子也都来到房间里，他们都看着这个男孩，看到这几个孩子都空着手，我问："你们的冰激凌都吃完了吗？"孩子们说："冰激凌太硬了，吃不动，我们要等冰激凌变软一点再吃。"我觉得机会来了："那你们去把冰激凌都端到这里来，大家坐在一起吃，好吗？"孩子们飞快地跑了出去，每个孩子都高兴地端着自己的冰激凌，与男孩坐在了一起，男孩很开心，他与伙伴们开始聊天说笑。

我起身离开了房间来到院子里与妈妈交流："你的儿子正在与小伙伴们一起吃冰激凌，他们很开心。"妈妈的眼神里有些吃惊，因为这个孩子很难与同伴相处，容易与小朋友发生冲突，我注意到了男孩脸上有很多指甲印，一些伤口是陈旧的，一些伤口是新鲜的，问妈妈："他脸上的伤是怎么回事？"她说："与小朋友打架被掐的。"我告诉妈妈："你希望你的儿子与小朋友们建立良好的关系，就要帮助他多与孩子友好相处，这个帮助的方法就是制造和提供更多的机会，我让小朋友们与他一起在房间里吃冰激凌，就是在为他提供与小朋友友好相处的机会，而你用不给他买冰激凌的方式来刺激他，只会让他感觉到你不理解他，不帮助他，你的方式会制造出孩子与你的对立情绪，同时孩子也会认为是因为这些小朋友与自己关系不好，你才不给他买冰激凌，导致他对小朋友的敌意，所以，你刚才的方式是不对的。"

男孩吃完了冰激凌，走进厨房，我立即跟了进去，厨房里没有其他人，我对男孩说："妈妈答应看球后如果你很热，想吃冰激凌，她会给你买，现在，你需要为刚才打妈妈的行为向她道歉，你是想在厨房里向妈妈道歉，还是在院子里？"男孩说："我想在院子里道歉。"于是，我等着男孩洗碗，他把碗洗得很干净，然后收拾进了橱柜，我觉得这个男孩还是能够自觉遵守一些规则的。

男孩来到院子里，走到妈妈面前，很清晰地大声对妈妈说："妈妈，对不起，我刚才打你了！"妈妈伸出双臂，孩子自然地扑进了妈妈的怀里，母子相拥，眼睛里都有一些泪花。此时，妈妈应该蹲下来，等情绪过后，看着孩子的眼睛，真诚地告诉孩子："妈妈接受你的道歉，以后妈妈会做得更好一些，我爱你宝贝！"但是，这位妈妈一直在有些尴尬地笑，没有对孩子的道歉进行回应，她可能对自己的情绪感到有些难堪，用笑来掩饰这样的难堪，我小声地告诉她："不要笑，不要笑。"她没有看我，也没有听见。当孩子向我们真诚道歉的时候，我们也应该真诚地对待，如果孩子看见妈妈在尴尬地笑，他会认为此时此刻，他真挚的情感交流被阻断了，没有感受到妈妈的真诚。

处理完男孩的问题，我们便出发去球场。我一直在观察这个孩子，整个下午，他与小朋友们都非常友好地相处，没有发生过冲突，我看到了他和妈妈一起时的灿烂笑容，这个下午他没有要妈妈买冰激凌。其实，孩子当初要冰激凌，要的是妈妈的爱，是与小朋友的友好关系，冰激凌只是一个替代物。

不懂得建构、执行规则

胡老师，您好！

　　我想请教的是，父母如何给大一点的孩子（比如15～18岁）建立规则。我的孩子自从上了寄宿高中，有了不少主见和对世界的独立看法，生活空间也大了很多，周一到周五都会脱离我们的视线，并且很会揣摩家长的心思，只挑父母爱听、爱看的来表现，背后却做着自己的一套（经常玩游戏、上网聊天）。我们尊重孩子的爱好，也希望他发挥所长，现在和将来都能快乐地成长。但我们的愿望是，孩子起码应该完成高中阶段的学业，而且成绩要尽可能地好，这样才能有条件接受下一阶段的良好教育。

　　孩子每个周末回家主要就是玩电脑，督促他写作业他也不听，还说仅在家用两天功是没用的，关键是学校那5天。可是家长不能到学校去监督孩子，就连周末这两天也不能时时盯着，毕竟是大孩子了。而且，也不能用没收电脑的方式来管他，因为他平时学习、写作业也要用电脑，怎么办呢？

　　如果真的感觉到孩子讨好父母，说的与做的不一致，那么，父母应该审视一下自己的养育存在怎样的问题。父母没有给孩子说真话的空间，才会导致孩子心口不一，这个现象比起孩子玩电脑、学业成绩等问题，更需要父母认真对待，因为已经关乎孩子的人格品质。

给父母的建议：

第一，尊重孩子的思想和主见，这个年龄阶段的孩子正是发展独立自主思想的重要阶段。不要纠结孩子住校脱离了父母的监管，学校自有管理学生的办法，即使学校的管理不能够使父母满意，父母也需要接受，因为父母没有其他选择。

第二，相信孩子能够学会管理自己，这是一个逐渐成熟的过程，即使现在有些管不住自己，这也是孩子学会自我管理必经的过渡阶段，要给予孩子一定的时间。当孩子管不住自己的时候，父母可以提醒孩子。孩子已经上高中，作业管理是他应该做好的事情，父母不需要催促孩子做作业，如果孩子已经到高中，父母还像管理小学生那样管理孩子的作业，孩子就无法成长出自我管理作业的能力。对于孩子学业的期望，我认为父母可以客观评估一下孩子的学习能力，有的孩子成绩优秀，玩电脑并不会影响他们的学业，有的孩子学习能力中等或偏差，即使不玩电脑，他们的学习成绩也不可能升级到优秀。父母不要将孩子的学习成绩动辄与玩电脑挂钩。

第三，周末应该允许孩子玩电脑，但要与孩子一起协商出玩电脑的时间作为孩子应该遵守的规则，并制定出违规后的处罚措施。比如，将玩电脑的时间规定为2小时，如果孩子故意超出了这个规定的时间，那么，处罚措施就是剥夺他本周末和下周末玩电脑的权利。父母要严格执行制定的规则，孩子才会慢慢学习控制自己玩电脑的欲望，遵守规则中制定的玩电脑时间。

把孩子当成实现自己人生价值的工具

很多年前,在一个会议上认识了一位妈妈,她的孩子上初中,获得了全国十佳少年称号,是一个非常优秀的孩子。见到这位妈妈我异常兴奋,那个时候根儿上小学,我非常希望能够从她身上学习到培养孩子的方法,于是,我找各种机会与她聊天,她也很愿意与人分享自己的育儿方法,还在大会上介绍了自己的经验,她为自己优秀的儿子感到无比骄傲,我也非常羡慕她有这么一个优秀的儿子。

在我们私下的交流中,我了解到她全部的心思都在孩子身上。她没有自己的工作,每天早早起床为孩子做饭、送孩子上学、接孩子放学、做晚饭、陪孩子做作业……周末两天陪孩子上补习班。孩子全部的事情都由她包揽。她的梦想就是把孩子培养得非常优秀。

交流期间,她问了我一个问题:"胡老师,我儿子已经开始发育了,我觉得青春期的教育是很重要的,我怎么去与他谈遗精的问题呢?"我回答:"他都已经是男子汉了,这个问题应该由他爸爸来谈,妈妈与儿子谈遗精不合适啊!"她的回答让我很吃惊:"儿子的教育全部是我负责,我不让他爸爸插手,他爸爸也做不好这件事情。"我很吃惊他拒绝爸爸介入儿子的教育,对她说:"和儿子谈遗精,要爸爸从自己的经历谈起,这样才能够搭建一个交流的平台,你没有遗精的经验,怎么去谈?何况妈妈去和这么大的男孩子谈遗精,孩子也会感觉尴尬啊!"她努力地争辩着:"但是,这件事情我还是不能够让他爸爸来做!"与她的交流越多,我越感觉到她把孩子当成了自己的事业,她通过培养孩子来实现自己的生命价值。孩子成为她实现自己生命价值的工具。

两年后,我见到了当年一起开会的朋友孔老师,孔老师是这位妈妈的好朋友,我想了解这个十佳少年上高中的情况,于是我们谈起了这个孩子,孔老师告诉我:"这个孩子被毁了!现在孩子把自己藏在病中,认为自己身体有病,每天不是这儿痛就是那儿不舒服,死活不愿意到学校上学,到医院检查,各项指标都是正常的,查不出他有病,我觉得他是心理患病了。"

原来,男孩获得"十佳少年"称号后,家庭和社会都给予了孩子极大的压力,几所好的高中都来争抢他,最后,男孩被当地一所著名高中揽入,开始感觉到了学业的极大压力。妈妈对他经常说的一句话是:"你不考在年级50名以内,你就白活在这个世界上了!"母亲希望他的成绩能够出类拔萃,对得起"十佳少年"的称号,学校也对他寄予厚望,来自母亲和学校的压力使他不堪重负。于是,他只有把自己搞成病人,母亲和学校老师才能够放过他,不再对他有过高的期望,他就可以不在众人面前随时保持"十佳少年"的形象了。

我问孔老师:"现在孩子的成绩如何?"孔老师说:"谈不上优秀了,在年级已经是倒数了吧,当初抢他的那所高中现在都后悔了。现在孩子也不去学校上课,整天待在家里,他的妈妈很痛苦。"孔老师还告诉我,因为妈妈长期把孩子当成自己全部的生活,与老公的感情渐渐疏远,孩子目前的状况让父母的矛盾更加不可调和,老公责怪她把孩子弄成这样,现在夫妻关系非常紧张,这也给孩子带来极大的压力。

本来,孩子通过努力获得好的学习成绩,这样的成就感能够让孩子得到内心的愉悦和满足,能够让孩子发现自己的自我效能,这是成就孩子自尊和自信的基础。但是,被妈妈和学校施加了巨大的压力后,孩子努力获得好成绩的内心需求丧失,转为满足妈妈和学校的需求。当孩子是为了他人在吃学习之苦时,孩子自然不会努力学习。

忽视权威的建构

在一个暑期，我作为一个亲子游学团的嘉宾，随同游学团一起来到位于云南楚雄禄丰的恐龙谷。游学团邀请我作为嘉宾的目的，是与妈妈们近距离接触，同时观察孩子们，为妈妈们的教养方式提出意见和建议。

游学团有8个孩子，分别来自7个家庭，年龄在4~11岁之间。参加亲子游学团的妈妈们对教育有不同的思考，她们正处于新旧教育思想和方式的挣扎与纠结中。比如，面对"给孩子自由"的新理念，妈妈们不知道自由的底线如何划定；面对"尊重孩子"的新提法，妈妈们不清楚尊重与顺从的区别在哪里；对于"与孩子平等"相处，妈妈们不清楚自己与孩子是权利的平等还是精神的平等。在面对孩子的具体教养方式中，妈妈们感觉茫然、不知所措。旅游团中有个叫茜茜的6岁女孩，她的妈妈告诉我说女儿吃饭是最让她头痛的问题，然后我们讨论了为什么孩子会出现这个问题，原因是大人过多的限制和严厉的训斥破坏了孩子对吃饭的美好感受。一路上，茜茜妈妈不断反思自己在孩子吃饭问题上犯下了哪些错误。

到达目的地后，我们看到两具大型恐龙模型，孩子们兴奋不已，一些孩子开始爬上恐龙的身体玩耍。不一会儿就到了吃午餐的时间，领队请大家上车去餐厅。妈妈们陆续招呼着自己的孩子往旅游车方向走去，此时，茜茜正坐在恐龙模型的背上，对妈妈说："我不想吃饭，我也不想下来！"茜茜妈妈见女儿提出这样的要求，她知道自己没有办法让孩子听话，就没有说什么。她告诉我，之前参加团队出游，也发生过类似的事件，希望我能够帮助她。我考虑到此时孩子首先应该跟随团体，一起坐车到餐厅，我接过话："你可以不吃饭，但你要下来和我们一起坐车到餐厅。"茜茜坚持不从恐龙背上下来，妈妈和小伙伴怎样劝她、讨好她都无济于事，她的眼神越来越坚定，语气也越来越坚定："我就是不下来，你们走吧！"

看到这种情况，我意识到茜茜妈妈已经失去了对茜茜的权威，我对茜茜妈妈说："你走吧，我来照顾她。"看到大家渐渐离开自己，茜茜没有动心，男孩小强看到茜茜要独自留下，关心地说："茜茜，你是不是非常喜欢这个恐龙，要不你下来，抱一抱恐龙，然后我们一起去吃饭？"茜茜冷静地看着小强，说："我不下来，你们走吧！"我对小强说："你放心吧，我会照顾她的，你们先去吃饭吧！"一行人都上车走了，我与领队留了下来，短短几个小时的接触，我对茜茜不算了解，我开始试着来处理这个问题。

我站在庞大的恐龙旁边，抬头看着茜茜的眼睛，严肃地对她说："茜茜，现在大家都去吃饭了，你不可以这样做，你要下来和我们一起去餐厅，你可以不吃饭，但你必须下来和我们在一起！"茜茜回答："我不吃饭，也不下来！"我说："现在，你必须做出选择，是下来和我们一起走，还是自己一个人留下。"她爽快地回答："我选择一个人留下！"我说："好吧，既然你要一个人留下，我们就离开了。"我与领队来到远处，观察着茜茜的反应，此时，我发现她对我们的离开没有任何恐惧和慌张，她兴致勃勃地继续玩，从恐龙的尾巴爬上去，然后再从恐龙脖子上处滑下来，看来茜茜与一般孩子不同，观察了10多分钟后，我决定采取进一步行动。

我与领队一起朝茜茜走过去，我告诉领队："你一定不要讨好她，更不要用物质利诱她。"她看到我们之后，立即爬上恐龙，高高在上地看着我们，我非常坚定地说："茜茜，你已经比其他孩子多玩了20分钟，现在，你必须下来跟我们走，你可以选择是你自己下来，还是我上去抱你下来！"

茜茜："我两个都不选，我就是不下来！"茜茜眼神和语气都非常坚定。

我："你必须选一个，要不然我就上去抱你下来！"我的语气和眼神也非常坚定。

茜茜："我就是不下来！"

我："好吧，看来我只有抱你下来了！"

我拿出架势，开始爬上恐龙，一边爬，一边观察着茜茜，茜茜发现我真的爬上来了，她的眼神有了一些慌乱。即将靠近茜茜时，我和茜茜对峙着，我语气有了一丝平和，但仍然坚定："你现在还是可以选择，是你自己下去，还是我抱你下去。"茜茜没有说话，眼神不再倔强，她低下了头，我知道她此时开始了挣扎，她内心不愿意就这样屈服于我，她要维护自己的尊严，我要做的就是给她足够的时间，完成这个挣扎的阶段。

我靠近了茜茜，没有触碰她的身体，耐心地等着她的回答。一分钟过去了，我轻声地重复了一次："茜茜，你可以选择自己下去，也可以选择我抱你下去！"茜茜抬起了头，看着我，我发现她的眼神温和了许多，眼睛有些红，但她强忍着眼泪没有流下来，"我选择自己下去，但我不吃饭。"看到茜茜已经服从，我立即答应："好的，你可以不吃饭。"这场对峙就此结束。我在解决这个问题的时候，让茜茜有尊严地妥协和服从，这个过程保护了她的自尊。

我们俩从恐龙身上下来后，我把手伸给茜茜，她也自然地把手放到我的手心，我们牵着手一起走向旅游车，在牵手的一刻，我们有一种心灵相通的感觉。茜茜开始和我讲述她对恐龙的喜爱，她在家里收集了很多小恐龙模型，都是她在幼儿园时得到的奖品，我告诉茜茜："我们出来旅游不能够脱离团队，如果每个人都想自己玩，不顾及其他人，那么，每个人都会不开心。比如，今天你不想吃饭，但是其他小朋友和他们的妈妈肚子都很饿了，如果我们都在这儿等你玩，我们都会因为肚子饿不开心的，是不是这样啊？"茜茜点点头，我继续："如果我们都去吃饭，把你一个人留在这儿，万一遇上坏人，把你抱走了，那多危险啊！"茜茜再次点头，此时，我觉得该说的话已经说到了，茜茜也认同了我的话，我不再继续说了，我们开始欣赏一路的风景，然后讨论着恐龙。到了餐厅，我问茜茜："你决定不吃饭吗？""不吃，我不饿！"我与茜茜妈妈约好不再对她提及吃饭的事情，茜茜与小伙伴们开心地玩了起来。

6岁的茜茜还不能够完全明白自己与团队的关系，这是她在这个年龄阶段的特点，茜茜出现今天这样的状况，正是给予我们帮助她认知自己与团队关系的机会。这个机会还可以帮助茜茜认识到：这个世界不是以我为中心的。这就是一个儿童脱离以自我为中心的过程。在这个过程中，孩子需要得到成人的引领和帮助。

养育孩子需要父母的权威，父母的权威是孩子对父母发自内心的尊重和服从。权威的建构需要父母理解并尊重孩子的需求，同时对孩子坚持规则。父母的权威是对孩子进行有效教育的基础。但父母要注意区分权威与威权的区别：权威建立在孩子对父母的尊重、爱戴、敬佩的基础上，孩子自愿服从父母；而威权则是父母以大欺小，用暴力的方式强迫孩子服从，这样的服从不是发自内心的，父母不要将权威和威权混淆。

缺乏认知,"误诊"孩子

我到一个城市去给8～9岁的孩子上性健康教育课,课程包括"男孩女孩不一样"和"妈妈我从哪里来"两个内容。在"妈妈我从哪里来"这节课的尾声,我设置了一个与家长互动的环节,大概15分钟。

与家长交流的过程中,一位妈妈问我:"胡老师,你发现我的儿子有什么问题吗?"她把孩子指给我看,这个孩子刚好坐在第一排,我在上课的时候很容易观察到他,我回答:"我没有发现他有明显的问题。"她说:"我的儿子是自闭症。"我很惊讶:"自闭症?不可能吧!"我迅速地思考:每一节课几乎都是50分钟到1个小时,男孩很专注,从未表现出与其他孩子不一样的地方。课堂上,男孩能够听懂我的要求,并能够按照要求执行,我让孩子们画男孩和女孩,他画的男孩和女孩特征很清晰,还能够准确地标记出隐私部位;在孩子们送感恩卡的环节,他与所有孩子一样,与妈妈拥抱了;课堂结束的时候,我让孩子们收拾干净自己的桌面,并将垃圾带走,他也同样做到了。而这些事情对于一个自闭症孩子来说,是无法做到的。

下课后,我特意邀请这位妈妈和她的儿子与我共进午餐,我想进一步观察孩子。我们来到餐厅之后,孩子能够主动地点自己喜欢吃的食物,而且他很认真地吃干净了自己的食物。我与这位妈妈聊天,孩子会专心地在一旁听,我偶尔与孩子说上一句话,他立即避开我的眼神,不与我交流,给我的感觉是他不愿意与外人说话,但他会与妈妈说话。在我们一起吃饭10多分钟后,男孩钻到餐桌下面,用手轻轻地抓挠我的脚背,我心里立刻明白了他的用意，他是用这样的方式在与第一次见面的我进行交流，我没有声张，而是轻摇脚背与他的手相呼应，继续与妈妈聊天。

或许，他发现我与其他成人不一样，开始与我有眼神的对接，只是对接的时间不长。他吃饱之后，一会儿到餐厅外面，透过玻璃墙面与妈妈打招呼，笑起来很灿烂的样子，一会儿回到妈妈身边，眼睛看着妈妈，装出傻傻的样子，看着妈妈笑，当妈妈主动与他讲话的时候，他回避，当妈妈不主动的时候，他又会主动与妈妈讲话，或者用眼睛看着妈妈，眼神里透着一种装出来的"傻样"。当他第二次钻到餐桌下面抓挠我的脚背的时候，我依然是轻摇脚背与他呼应。

我们在一起的时间大致2个小时，我发现这个孩子完全具备与人正常交流的能力，他却故意表现出无法与人正常交流，让自己保持一种"病态"，这是孩子的问题所在。妈妈告诉我，孩子6岁之前，她都没有在儿子身上用过心，一直忙于工作，几乎没有陪伴过孩子，孩子主要由老人照顾，她给孩子的爱太少太少，也不懂得如何爱孩子。在我们吃饭期间发生的两件事情，让我发现她的确不懂孩子的内心需求，也不懂得如何关爱孩子。

第一件事情是孩子要喝水，因为孩子不喝茶，只喝白开水，所以，需要找服务员给孩子提供白开水。孩子几次告诉妈妈口渴要喝水，妈妈要么让孩子自己去找服务员解决，要么不理会孩子，其间我提醒妈妈找服务员给孩子倒水，但妈妈并没有理会。

直到吃饭要结束时，我问妈妈："孩子一直喊口渴要喝水，为什么你不帮他解决这个问题呢？"

妈妈："我想要他自己学会解决问题，他可以自己去找服务员啊！"

我："你明明知道你的孩子不与他人说话，你让他如何去找服务员表达自己的需要呢？"

妈妈："我想逼着他自己去找服务员，这样他就可以开口与他人说话了。"

我:"你的孩子口渴到现在,他一次又一次找你,而没有去找服务员,你能够明白孩子现在心里怎么看待这件事情吗?"

妈妈:"他会怎么看待这个事情呢?"

我:"他的内心只会感觉到自己得不到妈妈的帮助。"

妈妈:"那我该怎么做呢?"

我:"当你让孩子去找服务员时,你把他当成了一个有正常沟通能力的孩子;当你需要爱孩子的时候,你把他当成了一个'自闭症'的孩子。孩子不知道自己在你的心里是一个怎样的状态。无论怎样,孩子当下没有能力找到开水的时候,你的方式是帮助,你要带着孩子一起找到服务员,可以试着让孩子告诉服务员自己的需要,如果他不开口,你可以帮助他说明需要,最终,孩子能够喝到开水,解决口渴的生理需要。在这个过程中,孩子能够感觉到你的关怀和帮助,你与服务员的交流也给孩子进行了一个示范,孩子学习到了如何与他人正常沟通。"

孩子出于生存的本能,他们会努力迎合妈妈。男孩发现自己的"病态"最能引起妈妈的关注,所以他需要保持这样的病态,孩子明白,一旦自己表现正常,将会失去妈妈的关注。要改变现在这种情况,妈妈需要把儿子当成正常的孩子来教养。

第二件事情是孩子两次抓挠我的脚背。

我对这位妈妈说:"他在用他的方式主动与我交流,说明他不是不愿意与人交流,也说明他不是不懂得与人交流,这与自闭症的孩子完全不同。"

妈妈吃惊地说:"哎呀,他经常这样做,每次我都让他不要这样,这样做会让别人不舒服,或者不高兴!"

我:"如果我是你,我会发现这是体现孩子交流愿望的行为,我不会阻止他,而是帮助他。"

妈妈:"那要是别人不高兴怎么办?"

我:"我会告诉被孩子抓挠脚背的人,'我儿子抓挠你的脚背,说明他喜欢你，想与你交朋友，你不要有什么误解哈！'一般来说，成年人会理解妈妈的用意，回到家里，我会告诉儿子，'如果你想与自己喜欢的成人交朋友，或者想与他说话，除了抓挠他的脚背，你还可以有其他的方式，比如和他聊天，讲一些你感兴趣的事情，或者让他给你讲个故事，妈妈觉得，你可以用很多的方式与别人交朋友。'当你知道孩子有这样的行为和欲望后，每次带孩子外出，可以带上一些故事书，为孩子提供与他人交流的条件和机会，这样孩子就会慢慢改变了。"

在这件事情上，我们可以看到，这位妈妈爱孩子、教育孩子的方式出了问题。在我看来，这个孩子的问题是教养方式导致的，而不是真正的自闭症。

我问这位妈妈："孩子的自闭症是如何被诊断出来的？"

妈妈："在我们当地最有名的医生那儿诊断的，这位医生是自闭症专家。"

我："他诊断你孩子自闭症的依据是什么？"

妈妈："第一个依据是我的孩子从小就喜欢火车，一直喜欢到现在；第二个依据是他对我没有感情，我离开他上班他都不会哭；第三个依据是孩子不爱与别人说话。"

我："这位医生在做出孩子是自闭症的诊断之前，有没有认真观察孩子一段时间？"

妈妈支支吾吾，最后说医生没有怎么观察孩子，就是凭这几点就做出了诊断。我告诉她，孩子一直喜欢一样玩具不能够成为诊断自闭症的依据；她很少陪伴孩子，离开孩子上班时孩子当然不会依恋她，所以孩子不会哭，这一点不是孩子缺乏情感的依据。通过妈妈的表述，我了解到，她发现孩子出现问题后，看了大量的有关疾病的书籍，将书里的疾病诊断标准不断地套在自己的孩子身上，她坚信孩子就是有自闭症，找到医生后，医生的诊断更加让她坚信儿子有病。

直到最近一年，这位妈妈学习了一些育儿知识，才开始用心了解孩子，但是，她爱孩子的方式是把孩子当作一个病态孩子进行关怀。在我与她们分手时，我对男孩说："可以让我拍一张你今天在课堂画的画吗？"男孩不说话，但他的眼神与我的眼神有对接，我说："如果你同意就点一下头，如果你不同意就摇头，好吗？"我的话音未落，男孩立即点头了，这让我更加坚信，只要我们给这个孩子一个合适的环境，他就能够正常地与他人交流，这也是孩子的愿望！

被孩子的无理要求绑架

在大理游玩期间，我与一群父母来到大理医学院的球场上，看孩子们踢球玩耍。休息的时候，我找了一个僻静处，和孟爸一起欣赏大理的蓝天白云。这时，我看到离我们不远处有两个女孩，其中一个十一二岁左右，她表情落寞，坐在树荫下的草地上，与旁边的女孩没有交流。我感觉到她并不开心，于是对她产生了兴趣。我猜想，她可能刚来到大理，与大家还不熟悉，没有融入群体。

不一会儿，女孩的妈妈走了过来，温和地让女孩去与其他孩子一起玩。女孩提出要买一包小食品给她，她才答应妈妈的要求。妈妈不同意。于是母女俩争执起来。我听见女孩大声地命令妈妈："你赶快去给我买，快点去！快点！"妈妈愤怒地回应："就是不买！"女孩毫不示弱："你敢不买！你敢！！"妈妈无奈之下，转身离开，回到了家长们聚集的地方，继续与家长们聊天，但是，她的心并没有离开女孩，时不时转头看女孩一眼。

过了10多分钟，妈妈再次来到女孩身边，这次的表情没有上次温和，但看得出来，她努力克制着自己，蹲下来继续与坐在草地上的女儿协商着，希望女儿与小伙伴们一起玩。只听女儿大声嚷道："你现在必须去给我买，快点！给我买10包，必须要10包！"女儿变本加厉，提出的要求升级了。被女儿这样指使，妈妈的表情有些难堪，但还是压抑着："买10包给你，撑死你！"女儿回应："我就是要10包，必须要！"妈妈生气地站起来，说："不可能！"然后再次转身离开，回到原地。我看到妈妈故作轻松地与家长们谈笑着，因为内心纠结与痛苦，妈妈的笑容显得僵硬，她依然时不时地转头看女儿。

在这场争执中，母亲和女儿都想胜出，僵持了10多分钟后，母亲又一次走过来问女儿："他们要进行跑步比赛了，你参加吗？"女儿躺在草地上，根本不看她一眼，继续提出条件："我要10包！必须要！你听到了吗？必须！！"妈妈一反常态，立即露出了讨好女儿的笑容，语气也尽显讨好的意味："好的好的，起来去跑步吧，10包就10包，起来吧，要多少我就买多少给你。"女儿带着胜利的微笑，从草地上站了起来，母女俩一起参加跑步比赛去了。

看到这样的情景，我想象着这个女孩平日里在父母面前的骄横霸道，而父母却无能为力。这个妈妈为什么那么想让女儿与伙伴一起玩耍？为了她的目的，不惜放弃自己在女儿面前应有的尊严。妈妈应该懂得：父母有尊严地爱孩子，孩子才会懂得尊严是什么！

在大理游玩期间，我看到多起孩子与妈妈间的纠葛，感受到孩子的无助和妈妈们的无奈。这些父母因为在养育孩子方面遇到了问题，于是，纷纷从全国各地来到大理，希望在这个地方能够"抱团取暖"，一起帮助孩子，也让自己得到成长。这位母亲带着女儿来到大理，或许是抱着让女儿修复人际关系的目的，所以才急迫地让女儿融入群体，然而，妈妈的方法是错误的。

重知识输入，轻人格培育

有一次我到外地讲课，在机场排队换登机牌时，旁边的一对母子引起了我的注意。男孩大约8岁，他在大声朗读柜台立面上的一句英文："Please queue behind the yellow line."每个单词他都念出来了，妈妈一看儿子主动念英文，很是激动，立即与儿子一起念了这句话，然后急迫地问儿子："这句话是什么意思啊？"儿子没有立即回答，妈妈继续追问："是什么意思？快说啊！学了这么多的英语，你应该懂啊！"儿子慢慢地说出："请在黄线外排队。"妈妈非常满意，长长地舒了一口气。

在母子两人对话期间，男孩前面的一个人正在办理登机手续，男孩紧紧跟在这个人后面，已经越过了黄线，没有遵守"请在黄线外排队"的规则，而妈妈却视而不见。此时，站在妈妈身后的男孩的爸爸说话了，他提醒妻子和儿子："在黄线外排队啊！"他重复了两遍，母子都没有反应，此时，轮到男孩办登机牌了，妈妈也没有在黄线外排队。

培养孩子的规则意识不是对孩子进行说教，而是体现在具体行动中。以在黄线外排队为例，只要家长在换登机牌时带着孩子一起站在黄线外，等待前一个人办理手续结束后，再通过黄线办理自己的手续，就无须特意告诉孩子那句话。家长的言行可以让孩子很自然地学会遵守规则。

在成为父母之后，我们才发现，自己有许多成长的缺陷。孩子是上天派来的天使，他们赋予了父母完善自我的使命与机会，父母要在帮助孩子成长的过程之中完成这一使命，如此，父母的伟大之处才能够得以彰显！

致 谢

感谢上天把根儿带给我和孟爸,他健康、善良、平和、诚实,懂得尊重他人,懂得为自己的梦想努力。我们为根儿感到骄傲!

感谢根儿带给我和孟爸重新成长的机会。没有根儿,我们不会发现自身的缺陷,也没有机会来修复自己的心灵创伤。根儿让我们的人格变得更加完善!

感谢我们自己,为了根儿的健康成长,我和孟爸没有放弃对生命价值的追寻,我们为自己和家庭的幸福一直在努力!

感谢我的父母,他们细心呵护年幼的根儿,理解根儿成长的需要,给予了根儿自由的发展空间!

感谢博友们对我博客的关注,你们的思想给予了我很多的启迪!

感谢深圳国际交流学院给予我们的国际教育视野,让根儿实现了去剑桥大学读书的梦想!

感谢栗伟先生为这套书起名《父母的天职》,您的智慧能够让我的思想感染更多的人!

感谢北京理工大学出版社的编辑朋友们,你们给予我的支持让我尽情地写作!

现在的我，宁愿慢下来，
和宝贝一起欣赏这个世界的美丽。

爱立方
Love cubic

育儿智慧分享者